珠江水利风物志

郑 斌 向 飞 李泽华 主编

黄河水利出版社

·郑州·

图书在版编目（CIP）数据

珠江水利风物志 / 郑斌，向飞，李泽华主编 . — 郑
州：黄河水利出版社，2022. 10
ISBN 978 - 7 - 5509 - 3421 - 4

Ⅰ . ①珠… Ⅱ . ①郑… ②向… ③李… Ⅲ . ①珠江 -
水利史 Ⅳ . ① TV882.4

中国版本图书馆 CIP 数据核字（2022）第 227267 号

组稿编辑：王志宽　　　电话：0371-66024331　　　E-mail：wangzhikuan83@126.com

出 版 社：黄河水利出版社　　　　　　　　　　　　网址：www.yrcp.com
　　　　　　地址：河南省郑州市顺河路黄委会综合楼 14 层　　邮编：450003
发行单位：黄河水利出版社
　　　　　　发行部电话：0371 - 66026940、66020550、66028024、66022620（传真）
　　　　　　E-mail：hhslcbs@126.com
承印单位：广东虎彩云印刷有限公司
开本：787 mm × 1 092 mm　　1/16
印张：18
字数：416 千字
版次：2022 年 10 月第 1 版　　　　　　印次：2022 年 10 月第 1 次印刷

定价：128.00 元

《珠江水利风物志》编委会

顾　问：谢　宝　张宇明　张孝南

主　编：郑　斌　向　飞　李泽华

副主编：高天扬　程　茜　肖尧轩

前　言

　　珠江是我国南方最大的河流。它与长江、黄河、淮河、海河、松花江、辽河并称为中国七大江河。

　　珠江流域片包括珠江流域、韩江流域、澜沧江以东国际河流（不含澜沧江）、粤桂沿海诸河和海南省诸河，涉及云南、贵州、广西、广东、湖南、江西、福建、海南8省（自治区）以及香港、澳门特别行政区。珠江流域地理位置为北纬21°31′～26°49′，东经102°14′～115°53′。流域范围跨越我国的云南、贵州、广西、广东、湖南、江西6个省（自治区）及越南社会主义共和国东北的一小部分。全流域面积45.37万平方千米，在我国境内是44.21万平方千米。流域主要由西江、北江、东江及珠江三角洲诸河等四个水系所组成。西江、北江两江在广东省佛山市三水区思贤窖相通，东江在广东省东莞市石龙镇汇入珠江三角洲，经虎门、蕉门、洪奇门、横门、磨刀门、鸡啼门、虎跳门及崖门等八大口门汇入南海。

　　风物指风光和景物，《珠江水利风物志》主要介绍珠江流域片与水有关的风物。修志作为中国的优良传统，有着"留存历史，以资借鉴"的作用，其"功在当代，利在千秋"。

　　本书遵循"突出重点、突出特色"的原则设置章节，共分十章。第一章水利遗产，主要记述流域片从秦汉到20世纪60年代的典型水利遗产。第二章江河湖库，主要记述流域片内的河流源头、湖泊、大型水库枢纽、堤防、泵站、河口等。第三章水运港口，主要记述流域片重要的港口，突出水运发达。第四章国家湿地公园，主要记述流域片内的国家级湿地公园，体现其净水功能。第五章水利景观，主要记述流域片内的水利风景名胜，突出流域之美。第六章沿江城市，主要记述流域片内沿河一江两岸城市，表现流域经济的发展状况。第七章旧式水利设备，主要记述流域在历史上用过的特殊水利设备，体现水利发展变化。第八章与水有关的风俗，主要记述流域特色水文化，体现人水和谐。第九章涉河驿道，主要记述和河流密切相关的驿道古迹，突出历史上河运的作用。第十章名山、名泉、名茶，主要记述流域山水特色，表现好山好水育好茶，繁衍了流域片众多民族，孕育了流域古今文明。

本书以文字描述和图片展示的方式，从水利遗产到近现代的水利工程、水利风景和文化等，让大家更清楚地了解珠江流域片的水利相关风物，作为大众对珠江流域片了解的科普性读物，为更好宣传珠江、获得公众对建设幸福珠江的支持助力。

编　者

2022 年 8 月

目　录

第一章　水利遗产

第一节　世界级遗产

一、灵渠

灵渠（见图1-1）始创于秦始皇帝二十八年（前219年）。秦始皇帝二十六年（前221年），秦统一六国之后，为了进一步完成对岭南的统一，派尉屠睢率领大军50万，分兵5路，发动了统一百越的战争。由于五岭阻碍，处在越城岭和萌渚岭的这两路秦军，虽有互为犄角之利，但山路崎岖，交通运输困难，军事给养供应不上，战争打得相当艰苦，为了解决军粮运输上的困难，秦始皇"使监禄凿渠运粮"开通了水路运输军粮的路线。这项凿渠运粮的工程就是"凿通湘水漓水之渠"——灵渠，也称零渠或澪渠，后世又名秦凿渠，位于今广西兴安县境内。

图1-1　灵渠（缪宜江摄）

东汉建武十八年（公元 42 年），后汉伏波将军马援"复治以通馈"，"开川浚济，水急曲折四斥，用遏其节，节斗门以驻其势"。灵渠整治，建陡门阻水。唐宝历元年（825 年），中唐诗人、观察使李渤重修灵渠。他"重为疏引，仍增旧迹，以利舟行。遂烨其堤以厄旁流，陡其门以级直注，且使诉沿，不复稽涩"。这次重修主要是疏通河道，便于舟船行驶；扩建拦河坝为 V 字形大小天平（铧堤）、铧嘴，利于江水分流；南北渠建筑了南陡和北陡控制水流，利于北渠行舟。唐咸通九年（868年），鱼孟威出任桂州防御使之后，对灵渠进行了一次大规模的续修整治。这次全面修复不仅疏浚渠道，加固陡门、秦堤，修复铧堤、铧嘴，还把陡门增加到十八重。据《宋史·陶弼传》记载，宋代李师中修渠平定安南。元至正十四年（1354 年），岭南广西道肃政廉访副使乜儿吉尼修灵渠，修复了铧堤及陡门的溃坏处，以通舟楫。明洪武二十八年（1395 年），为平定叛乱，朝廷派监察御史严震直监修灵渠。这次维修由于加高了大、小天平，2 座溢洪水涵泄水量较小，遇洪水时则冲毁堤岸，洪水尽流向北渠，南渠水浅，既不能通航，又影响农田灌溉。于永乐二年（1404 年）二月，修复如旧。清康熙五十三年（1714 年），巡抚陈元龙率通省官员捐俸修治，重修被毁的大、小天平，由原来用巨石平铺坝顶，改砌成龟背形。修整尚存的 14 座陡门，将已废弃的 22 座陡门修复 8 座。光绪十一年（1885 年），洪水冲毁分水坝及南北陡堤，广西护理抚院李秉衡请旨奉准修渠，现今所见灵渠，大致就是这次维修后的面貌。民国二十一年（1932 年），兴安大水，大、小天平部分损坏，兴安县长田良骥补修 43 ~ 75 丈一段，长 107 米。1953 年冬，兴安县水利局疏通了南渠南陡至大湾陡一段渠道，重修了飞来石旁秦堤一道。1973 年冬至 1979 年冬，广西壮族自治区拨款陆续修缮秦堤，建北陡下防洪堤，还修复了竹枝堰，拆除了堵塞北渠的拦渠坝，北渠恢复通水。

灵渠长约 30 千米，宽约 5 米，由铧嘴、大小天平、陡门、南渠、北渠、秦堤等主要工程组成。为了将湘江水导入灵渠，需建一道"前锐后钝"的分水堤。因其形似犁铧，故名"铧嘴"。"铧嘴"后接 2 条长堤：北堤稍长，称"大天平"；南堤稍短，称"小天平"。三者组建成人字形分水堤。"铧嘴"前端直指湘江上游，将水流一劈为二。三分南流，被"小天平"导入南渠；七分北流，被"大天平"导入北渠。南渠向西延伸汇入漓江，北渠向北延伸重回湘江。因此，灵渠包括南北两条水渠，各有分工，相辅相成。分水堤坝矮于两侧河岸。枯水期，湘江水被全部导入渠道；洪水期，江水可越过堤坝，流入湘江故道，既可泄洪，又可避免灵渠被洪水毁坏。汛期水流迅疾，枯水期水流稀少，为确保船只顺利通行，渠道内设置"陡门"，用以提高水位，集中比降，其功用与今天的水闸无异。因此，灵渠"陡门"也是世界上最早的水闸建筑。"每舟入一斗门，则复闸之，俟水积而舟以渐进，故能循崖而上，建瓴而下，以通南北之舟楫。"

灵渠的建成，完成了秦始皇统一中国的大业，扩大了中国版图，促进了中原和岭南经济文化的交流以及民族的融合。灵渠连通了整个中国的水运网，是连接中原和岭南的重要商贸通道，成为南北往来的交通大动脉，亦即古代的"水上高速公路"。隋唐时期，随着大运河的开通，岭南地区的货船经漓江、灵渠、湘江、长江、大运河可直达长安城。明崇祯十年（1637年），据徐霞客《粤西日记》中记载，他途经灵渠时见到"巨舫鳞次"的繁忙景象。《后汉书·马援列传》记载，东汉伏波将军马援征交趾时，曾"穿渠灌溉，以利其民"。据《广西通志》记载，唐初曾在灵渠南侧筑城设临源县，城址即在今兴安县城。至宋代"渠水绕迤兴安县，民田赖之"（语出周去非《岭外代答·灵渠》），清代"近渠之田，资灌溉者不下数百顷"（鄂尔泰《重修桂林府东西二陡河记》）。南宋淳熙元年（1174年），范成大途经灵渠时不由感慨："狂澜既奔倾，中流遇铧嘴。分为两道开，南漓北湘水。"丰富多彩的中原文化也通过灵渠逐渐传入岭南，包括农业、手工业技术、建筑、饮食等，民间文艺如桂剧、彩调、马仔调、贺郎歌等，以及中原汉族民间信仰和民间习俗。灵渠是合浦连接中原腹地的重要咽喉，水路从广西合浦南流江—北流江—浔江—西江—桂江—漓江—灵渠—湘江—长江—汉江—汉中—褒水，经陆路至秦岭—咸阳（长安）。

灵渠2018年入选世界灌溉工程遗产目录。有着"世界古代水利建筑明珠"的美誉，与都江堰、郑国渠被誉为"秦代三个伟大水利工程"。1986年11月，国际大坝委员会专家考察灵渠，称赞"灵渠是世界古代水利建筑的明珠，陡门是世界船闸之父。"

二、桑园围

桑园围（见图1-2、图1-3）坐落于珠江三角洲中上游，跨佛山市南海、顺德区，包括南海区的西樵镇、九江镇，顺德县的龙江镇和勒流街道。该地区因广泛分布"桑基鱼塘"而得名，干堤三面环水，西侧为西江，东侧为北江顺德水道，南段隔甘竹溪与顺德区相望。桑园围始建于北宋徽宗年间，地跨广东省佛山市南海、顺德两区，由北江、西江大堤合围而成的区域性水利工程，历史上因种植大片桑树而得名，是中国古代最大的基围水利工程。据《南海县志》记载：桑园围在宋代徽宗年间（1101—1125年）始筑东、西堤，4年后再筑吉赞横基，分别分为沙头中塘围、龙江河澎围、桑园围、甘竹鸡分围。至明、清年间陆续筑保安围等14条小围。桑园围全长68.85千米，围内面积133.75平方千米，捍卫良田1500公顷，因有不少桑树园而得名。

堤围高度一般从2～3公尺至10公尺，堤顶宽度1～3公尺，捍卫面积大的有

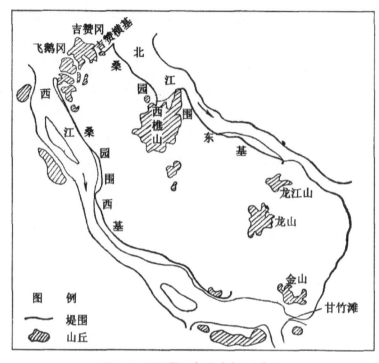

图1-2 桑园围示意（《珠江志》）

20万～30万亩，小的则只有几百亩甚至几十亩。由分散小围逐渐并成巩固的大围。据史志记载，宋代堤围共28条，堤长共达66 024丈余，捍卫农田面积达24 322顷。元代修筑的堤围只是对宋代的一些堤围加高培厚扩大，明代堤围较前代有了较大的发展。当时河岸堤防，筑堤总长达220

399丈，约共181条，捍护耕地面积达万顷以上，在西、北江干道及其支流沿岸基本上均筑上捍水的堤围。当时除江河两岸堤围有较大发展外，海坦围垦方面同样得到极大的发展。据粗略估计，包括屯垦和民垦在内，围垦的面积亦达万顷以上。清代，珠江三角洲平原面积迅速扩大，河岸平原的堤围修建迅速向滨海地区扩展，在小围或潮田基础上发展成较大的堤围；清末，现有堤围规模基本形成，其中顺德龙江段至民国初期才明显加高并与大围相连。民国12年增建歌、龙江和狮颔口3座水闸后，才真正成为较为完整的闭口桑园围。20世纪50年代与大栅围等合围而成今"樵桑联围"。桑园围内，水利系统发达，生态环境良好，开启了珠三角大规模农业开发的先河，独具岭南特色的农业生态系统——桑基鱼塘也应运而生。村民通过堤围、河涌、窦闸灌排，开发洼地、河滩，改造水塘养鱼，塘边植桑养蚕。这样，蚕沙喂鱼，塘泥肥桑，形成良性生态循环，围内古水利工程与古村落完美结合，人与自然和谐共生。

桑园围自古乃鱼米之乡、衣冠鼎盛，号称"粤东粮命最大之区"。据《桑园围志》记载，清乾隆五十九年（1794年），"桑园一围，地连两邑，堡分十四，烟火万家，东、西两堤，长亘百余里，贡赋五千有余，为广属中基围最大之区。"

1972年，西樵镇七星村被联合国教科文组织评为"桑基鱼塘"农田示范区。1981年开始，联合国教科文组织与广州地理研究所合作，在顺德勒流设立观察站，

图1-3　桑园围航拍（张会来摄）

开展研究，以便在世界热带亚热带地狭人稠、水网交错的地区推广基塘农业的模式和技术成果。佛山基塘农业系统2019年入选第五批中国重要农业文化遗产名录，2020年12月8日入选2020年世界灌溉工程遗产名录。

三、红河哈尼梯田

红河哈尼梯田（见图1-4）位于云南省红河州，中心在元阳县新街镇，是以哈尼族为主的各族人民利用当地"一山分四季，十里不同天"的地理气候条件创造的农耕文明奇观，中心区是元阳梯田。这里的梯田规模宏大，绵延整个红河南岸的元阳、绿春、金平等县，仅元阳县境内就有19万亩。梯田有面积大（大者达上千亩）、地势陡（从15°的缓坡到75°的峭壁上）、级数多（最多的3 000多级）、海拔高（梯田由河谷一直延伸到海拔2 000多米）等特点。

哈尼族将山水分渠引入田中进行灌溉，因山水四季长流，梯田中可长年饱水，保证了稻谷的发育生长和丰收。梯田随山势地形变化，因地制宜，坡缓地大为大田，坡陡地小为小田，沟边坎下石隙之中兼为田，从古至今始终是一个充满生命活力的大系统，今天它仍然是哈尼族人民物质和精神生活的根本。周边的梯田、森林、村寨融为一个良性循环系统，每一个村寨的上方是茂密的森林，为村寨提供着水、用材、薪炭之源；村寨下方是千百级梯田，提供着哈尼人生存发展的基本食物。全县63 958.4公顷森林蕴含着常年不断的水流分向4 653条沟渠灌溉着166 689亩梯田。

围绕梯田构筑和大沟挖掘，哈尼族发明了一套严密有效的用水制度，从开沟挖渠、用工投入，到沟权所属、水量分配、沟渠管理和维修等，无不精心经营。如为管理水源发明了"水木刻"，根据各家权益设置的划有不同刻度的横木，安放在各家田块的入水口，随着沟水流动来调节各家各户的用水量，保证了每块梯田都能得到充足的水量供给。利用村寨在上、梯田在下的地理优势，发明了"冲肥法"，每个村寨都挖有公用积肥塘，牛马牲畜的粪便污水贮蓄于内，经年累月，沤得乌黑发臭，成为高效农家肥，春耕时节挖开塘口，从大沟中放水将其冲入田中。届时举寨欢腾，男女老少纷纷出动，大家争先恐后用锄头钉耙搅动糊状发黑的肥水，使其顺畅下淌，沿沟一路均有专人照料疏导，使肥水涓滴不漏悉数入田。这一方法省去了大量运肥劳力。平时牛马猪羊放牧山野，畜粪堆积在山，六七月大雨瓢泼而至，将满山畜粪和腐殖土冲刷而下，来到山腰，被哈尼族的大沟拦腰截入，顺水纷纷注入田，此时稻谷恰值扬花孕穗，正需追肥，自然冲肥正好解决了这及时之需。

图1-4　红河哈尼梯田（《人民珠江》供）

据载哈尼梯田已有 1 300 多年的历史，是哈尼族人世世代代留下的杰作。2013年6月22日在第37届世界遗产大会上，红河哈尼梯田列入世界遗产名录。

四、广西龙脊梯田

龙脊梯田（见图 1-5）位于桂林龙胜县东南部和平乡境内的龙脊山。龙胜龙脊梯田主要分为平安壮寨梯田和金坑红瑶梯田。龙脊梯田距龙胜县城 27 千米，距桂林市 80 千米，景区面积共 66 平方千米，梯田分布在海拔 300～1 100 米，坡度大多在26°～35°，最大坡度达 50°。梯田坐落在越城岭大山脉之中，四面高山阻隔，最高峰福平包（海拔 1 916 米）坐落在小寨屋后，福平包海拔 1 500 米以上仍然为原始森林。龙脊茶叶、龙脊辣椒、龙脊水酒、龙脊香糯称为"龙脊四宝"。

图1-5 龙脊梯田（《人民珠江》供）

龙脊梯田始建于元代，完工于清初，距今已有650多年历史。金竹壮寨被联合国教科文组织称为北壮的楷模，黄洛红瑶寨获上海大世界吉尼斯集体长发村之最，龙脊古壮寨至今保留着许多文物古迹。2018年4月19日，在第五次全球重要农业文化遗产国际论坛上，龙脊梯田获得了全球重要农业文化遗产的正式授牌。

第二节 国家级遗产

一、鲍家屯古水利工程

鲍家屯古水利工程（见图1-6～图1-8）位于贵州省安顺市大西桥镇，是在迥异于现代汉民族文化的屯堡文化背景下产生的，大部分设施保存完好，至今仍在运行。鲍屯及其乡村水利工程约建于14世纪末，即明洪武十五年至三十一年间（1382—1398年），期间为消灭盘踞西南地区的元代梁王把匝剌瓦尔密，明30万大军两路进攻，史称"调北征南"。元残余势力被消灭后，14万征南的军队官兵连带家属留在贵州，实行军屯。此外，还从内地移来大量贫民和流民，称"调北填南"，这些来自江南地区的留守大军和移民在安顺市修建了很多屯堡及乡村水利工程，鲍家屯及其水利系统是其中之一。其引蓄结合的塘坝式工程体系中的水仓坝，采用"鱼嘴分流"方法。鲍家屯河上构思精巧的水碾房（见图1-9），是600多年前鲍家屯人利用水动能舂米的设备。

图1-6 鲍家屯古水利工程（吴忠贤摄）

图1-7 鲍家屯古水利工程回龙坝（安顺市水务局供）

鲍屯古代乡村水利工程是一个完整的工程体系。以江河为水源，以移马坝为渠首枢纽，采用引水、蓄水、分水结合的方式，将上游河道一分为二，形成老河和新河两个输水干渠、3个水仓、1个内口塘，再经过二级坝，将水量分配到下级渠道，实现了全村不同高程耕地的自流灌溉。另外，还充分利用河水落差和地形条件兴建多处水碾，为村民提供生活用水和粮食加工的便利，是具有综合效益的水利工程体系。

鲍家屯古水利工程，获中国国家灌溉排水委员会"水利遗产保护奖"；2011年，鲍屯古水利水碾坊被评为亚太遗产保护卓越奖，2012年入选世界最佳遗产协会"精英俱乐部"。

图1-8　鲍家屯古水利工程小坝及不同高程的龙口（王兴文摄）

图1-9　水碾房（安顺市水务局供）

二、岩塘陂、亭塘陂水利工程

　　岩塘陂、亭塘陂水利工程（见图1-10、图1-11），别名旧沟和新沟，位于海南省海口市琼山区龙塘镇、龙泉镇、龙桥镇三镇之间，是由韦执谊及其子孙后代共同修建而成的，占地面积1 638万平方米。岩塘陂、亭塘陂水利工程主要由岩塘陂（旧沟）和亭塘陂（新沟）组成，由岩石砌成，并模仿都江堰的修筑方法，不但能够蓄水，还能科学引水，能按照灌溉、防洪的需要，分配丰水期、枯水期的流量。水源引自龙泉镇雅咏村东1 000米处的"旧沟泉"，"旧沟泉"泉眼多，自流量大，每秒流量达482升，雨季更加明显。

图1-10 岩塘陂、亭塘陂水利工程（海南省水务厅供）

图1-11 岩塘陂、亭塘陂陂体（海南省水务厅供）

　　唐元和元年（806年），岩塘陂（旧沟）始建，由韦执谊筹划，元和七年（812年），韦执谊病逝后，其后人继续修建岩塘陂。宋代，韦执谊18世孙韦魁才继而筑完岩塘陂。明代，韦执谊的后人又在离岩塘陂大约1000米的地方修筑了亭塘陂（新沟），岩塘陂、亭塘陂水利工程完工。2015年11月29日，岩塘陂、亭塘陂水利工程入选海南省第三批省级文物保护单位名录；2019年10月7日，岩塘陂、亭塘陂水利工程被中华人民共和国国务院公布为第八批全国重点文物保护单位。

第三节 省市级遗产

一、龙腹陂

连州龙腹陂（见图 1-12、图 1-13）位于广东省连州市连州镇龙口村，为东汉末年袁氏家族所建。作为北江流域秦汉时期的著名水利工程，龙腹陂历经 1 800 余年，至今仍造福于民。

据《广东水利志》载，龙腹陂乃东汉末年袁忠后代三兄弟所建。《连州志》载："汉袁忠，高良（今连州龙口、连南三江一带）人，辟龙腹陂灌田五千亩。后，民立广利庙祀之。"袁忠于东汉建安元年（公元 196 年）被汉献帝召为卫尉，从海南经

图1-12 龙腹陂（邱晨辉摄）

图1-13 龙腹陂航拍（邱晨辉摄）

两广途中去世，族人留在连州龙口村一带居住，开垦良田，故有修陂之举。

清道光二年《广东通志》卷一百五十二·坛庙八记载：广利庙，在高良龙口里，祀袁氏兄弟三人，服勤稼穑，肇创龙腹陂，灌田五千余亩，民感其惠，为立庙。雍正《广东通志》记载，粤北地区早在三国时期就已经在连州辟龙腹陂，开渠溉田五千余顷。另据《广东历代方志集成》之《连州志·卷之二·疆域》记载：龙腹陂在州龙口村，相传东汉袁氏兄弟三人筑。

这项水利工程主要用于农田灌溉，标志着岭南水利和农耕技术的新推进、新发展，具有重要历史意义，也是珠江流域目前发现年代久远，仅次于灵渠的水利工程。2011 年 7 月公布为连州市文物保护单位。

二、越王井

（一）龙川越王井

龙川越王井（见图 1-14）位于河源市佗城镇中山街光孝寺内，是秦县令赵佗故居的汲井。后赵佗为南越王，故曰"越王井"，又曰"万寿宫井"。随着历代王朝的兴废，饱经沧桑 2 000 余载。唐乾符五年（公元 878 年）重修，邑贤昌明作有井记，勒之于石。历代做过多次修葺，并有井记。井为砖石结

图1-14 龙川越王井（王锦琼摄）

构，深 40 米。井口开有一直径 0.6 米的圆形口，井口高出地面 0.7 米。六角形的台面，以四块石板平铺而成，井膛用三层红色方石叠砌，叠石下用青砖铺至底，中部直径约 2.5 米。结构结实美观，是岭南名古砖井之一。清中叶后，井膛淤塞，但保存完好。井边立有唐韦昌明《越井记》碑刻，现存较好，属岭南古井之一。1962 年 5 月，龙川县人民政府正式公布列为第一批县级文物保护单位。

（二）广州越王井

广州越王井（粤王井）（见图 1-15），又称九眼井，位于应元路西端广东省科学馆内。这是广州最古老的井，至今已有 2 000 多年的历史。

南越国时期，越秀山上有越王宫，为王府专用。又因山上有越王台，故又称越台井。清屈大均《广东新语》称，越王井"水力重而味甘，乃玉石之津液"，并说"佗饮斯水，肌肤润泽，年百有余岁，视听不衰"。说井水有美容功效，又能保护"视听不衰"，还可以活到长命百岁，是很有开发利用价值的。北宋文豪苏东坡曾写信说，"广州一城人"都喜欢饮这口井的水，可惜只有"官员及有力者，得饮刘王山井水"。

明天顺年间（1457—1464年），广州府通判曾把越王井列为广州十大名泉之一（排名第八）。明武宗正德年间，学士黄谏写《广州水记》时，将广州城内的泉、井、涧的水质分为十等，云：广州城内的九眼井为最佳。

南汉王刘龚曾独占此井称此井为"玉龙泉"而独霸之，"禁民不得汲"。宋时还井于民，番禺县令丁伯桂还给井加了一个九孔的石盖，几个人同时打

图1-15　广州越王井（陆永盛摄）

水，互不干扰。如今还存有"九眼古井"石碑与井盖残石。清初平南王尚可喜曾独占此井达十年之久，在四面筑起砖墙，派兵把守，还贴出告示：有私汲井水者，鞭笞四十。

民国初年，军阀龙济光曾派几十个士兵轮番抽水，想清理这口废井，花了两天时间才把水排干，可见井水的容量很大。旧时，市内的一些茶楼号称山水名茶，也从这口名井取水，以招徕顾客。20世纪50年代，仍有许多居民到越王井打水饮用。60年代以后，由于周围环境遭到破坏，长期失修，井底淤积，古井逐渐失去其饮用功能，变成一个古迹。1983年此井被定为市级文物保护单位。

三、相思埭

相思埭又称桂柳运河或临桂陡河，位于今广西桂林临桂区境内（见图1-16），开凿于唐武则天长寿元年（692年），是联系漓江支流良丰江和柳江支流洛清江支流相思江的运河。唐代是我国封建经济文化的繁荣时期，中央政权以岭南、安南置岭南道，分广、桂、容、邕、安南五管，桂管（今桂林）是唐中央政权竭力经营的地方之一。开发边疆，发展经济，首先要发展交通。为了适应岭南地区的经济开发，沟通南北的经济交流，开凿相思埭运河。

明万历四十年（1612年），为了保证船只在运河中能正常通航，在运河中修建了6座陡门（见图1-17、图1-18），目的是提升或下降运河水位，使船只能"爬坡""下坡"。清雍正七年（1729年），"再次兴工凿疏，与灵渠工役并举"。修后运河宽处达30多米，窄处有6米。沿河全用料石砌就的陡闸有13座。清雍正十年又增修

鲢鱼七陡，陡闸共有20座。清雍正十三年（1735年），贵州榕江九股河地区苗民反抗征粮发动起义。六月，清政府调集两湖、两广、云、贵、川七省兵力数万人，对苗民进行镇压。清政府军几万人马从桂林经桂柳运河，开赴贵州。当时任广西巡抚的金鉷在《临桂陡河碑记》中记载："乙卯岁（1735年），王师赴黔征苗，粮饷戈甲，飞输挽运，起桂林经柳州者，胥是河通焉。"清代学者朱依真，他游桂柳运河后写了一首词——《绛都春·夜流相思江》。有句"别情何以，相思埌口，一江春水。"分水塘于清乾隆二十年（1755年），各修筑东西两个水闸以调控水位，三分水东流漓江，七分水西注入柳江。

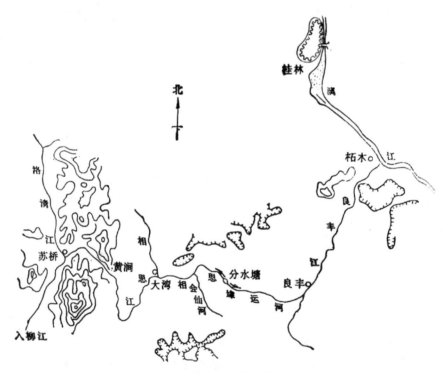

图1-16　相思埭位置示意（《珠江志》）

相思江和良丰江之间的分水岭地带，是一片平缓而广阔的石灰岩地貌，没有明显的分水岭地形。狮子山岩的地下水常年不竭地流出，使这片分水岭地带遍布池沼低地，夹杂着积水塘和零星开垦的农田。洪水季节，水量除积蓄于池沼或地下外，还在分水岭地带漫流。这种特殊的地貌特征，为开辟相思埭运河提供了条件。

相思埭运河东自良丰江上的良丰始，西至相思江上的大湾止，全长约16千米。关键是"分相思水使东西流"，这就是在分水岭地带筑堰堵水、修建分水塘，把分水岭地带的沼泽区变成蓄水区。在分水塘的东西两面各建有一个陡门。在东、西陡门出口处，分别开挖渠道，东接良丰江，西连相思江。这样，以分水塘和穿过具有桂林地貌特征的孤山间隙间的渠道为纽带，把良丰江和相思江连接起来。如果开启东陡门，分水塘水便会向东顺渠流向良丰江；如果开启西陡门，分水塘水便会向西顺渠流向相思江。这个由分水塘、陡门和东西渠道组成的工程，称为相思埭运河。相思埭运河工程比起灵渠工程来，虽然简单得多，但它却是古时一条将漓江与洛清江沟通、进而可由桂林经永福抵达柳州的运河。在历史上，相思埭运河沟通一方，对广西以及贵州的开发做出了贡献。

图1-17　相思埭分水塘出水陡（《人民珠江》供）

图1-18　相思埭鲢鱼脚陡（《人民珠江》供）

相思埭运河建成后，桂林的航船可经相思埭到柳州。贵州东南部的进出商品，除经湖南直接进出外，也可经三都、榕江、都柳江下柳州，然后转相思埭运河而入桂江。这样，由相思埭连结桂、柳两江的水上交通纽带，不仅对广西本身的经济发展起作用，而且对处于内陆地区的贵州也有利益。此外，还有灌溉之利。

四、黄埔古港

黄埔古港（见图1-19）位于广州市海珠区石基村，北临新港东路，南隔黄埔涌与仑头相望，西临东环高速公路，东隔珠江与长洲、深井相望。黄埔村见证了广州

"海上丝绸之路"的繁荣。自宋代以后，黄埔古港长期在海外贸易中扮演着重要角色。南宋时此地已是"海舶所集之地"。黄埔古港地区分为四个功能区（纪念展示区、古港公园区、栈道餐饮区及村头广场区），是集展示、传播、娱乐、休闲于一体的"文化公园型景区"。其中纪念展示区由黄埔税馆、永靖营（兵营）、买办馆、夷务所和展示街组成。黄埔税馆是整个建筑群中的重点。兵营处设有营房、瞭望台、兵器架等。

图1-19 黄埔古港（高天扬摄）

黄埔古港从西边公路入村，一座高耸的金碧辉煌的现代牌坊迎面矗立，上刻"凰洲"两个大字。村的南边紧靠珠江支流也有一座刻有"凤浦"二字的彩牌坊，原来传说古时有一对凤凰飞临此地，从此就人丁兴旺，五谷丰登。该村地处一小岛，水边地区叫"浦"，水中的陆地叫"洲"，所以取村名为"凰洲"或"凤浦"，后演变成为"黄埔"之名。因仿古船瑞典"哥德堡"号来访而重建，"哥德堡"号商船由瑞典东印度公司于1738年建造，曾经三次抵达广州，航行"海上丝绸之路"。1745年9月12日"哥德堡"号装载着中国的瓷器、丝绸、茶叶等货物，踏上第三次中国之行返程时，遭遇暴风雨袭击，不幸沉没在哥德堡港入口处，相传当时从沉没的"哥德堡"号船上打捞出来的货物除去船的损失以及打捞工程的费用还能有利润，因此中国的"海上丝绸之路"更为繁荣。黄埔古港见证了广州"海上丝绸之路"的繁荣。自宋代以后，黄埔村长期在海外贸易中扮演着重要角色。南宋时此地已是"海舶所集之地"。明清以后，黄埔村逐步发展成为广州对外贸易的外港。据《黄埔港史》记载，从乾隆二十三年（1758 年）至道光十七年（1837 年）的 80 年间，停泊在黄埔古港的外国商船共计 5 107 艘。乾隆二十二年（1757 年），闭关自守的清廷撤销了江、浙、闽三海关，保留粤海关，指定广州为唯一对外贸易口岸长达 80 多年，期间黄埔古港迅速发展，在这里有黄埔税馆、夷务所、买办馆等，外国商船必须在这里报关后由中国的领航员带商船入港，办理卸转货物缴税等手续，然后货物才能进入十三行交易，80 年间，停泊在黄埔古港的外国商船共计 5 000 多艘，而黄埔村也成为热闹繁华的古城，同时这种氛围自然熏陶了当地人的经商思想。后来因河道堵塞变窄，古港迁至长洲岛，沿用黄埔港，据说上海的黄浦江得名也与此古港的盛名有关。

五、芦苞水闸

芦苞水闸位于三水区芦苞涌口（见图 1-20），该工程于 1921 年动工兴建，1924 年建成，是珠江流域于新中国成立前修建的第一座较大的水利工程。水闸为混凝土结构，全长 101 米，分 7 孔，两侧各 3 孔安装 6 扇由英国进口的司东记式钢闸门；中孔宽 23 米，因工款项不足未装闸门。原设计以 1915 年型

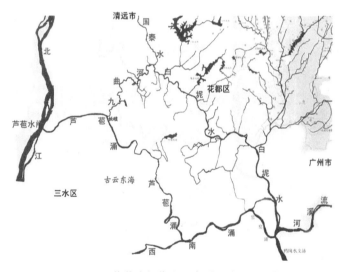

图1-20　芦苞水闸位置示意（流域水系图）

洪水为防御对象，限制过闸流量 1 100 立方米每秒，用以控制北江洪水流入芦苞涌的流量。2006 年被佛山市人民政府列为市级文物保护单位。

芦苞涌始于佛山市和三水区芦苞镇北江干流，向东流至长歧管理区并分为南北两支。北支为九曲河，在广州花都白坭与国泰水（发源于清远坑尾）汇合后称为白坭水；南支仍称芦苞涌，从上至下流经佛山市三水区虎爪围、广州市花都区炭步、大涡和文岗后在佛山南海官窑汇入西南涌。白坭水和西南涌在老鸦岗附近与流溪河汇合后注入珠江。芦苞涌是北江干流的主要分洪水道之一，历史上北江洪水通过芦苞涌进入珠江三角洲地区，佛山、广州等地深受水灾之苦。来自北江的分水是广州、佛山两市大量湖泊和河涌的重要补给水源，为两地人民的生产、生活用水提供了重

要保障。

1915 年，北江发生特大洪水造成决堤，广州西关一带不少屋宇水到门楣，街上行舟，长堤较高地方也水深过膝，受害甚大。经过这场灾难，人们加强了对兴建芦苞水闸的重视。在此背景下，为控制北江洪水流入芦苞涌，减轻对广州的直接威胁，20 世纪 20 年代初即在芦苞涌口位置修建水闸，并于 1923 年完工（1923 年水闸）。水闸以北江 100 年一遇碰西江 200 年一遇归槽洪水作为设计标准，即芦苞水闸闸外水位为 13.20 米。1923 年水闸设 7 个闸孔，其中中孔净宽 23 米，其上设置 6.80 米高的滚水坝（顶高程为 8.69 米），该孔为开敞式溢流形式，不设闸门；中孔两边各有 3 个闸孔，单孔净宽 10 米，闸顶高程 12.09 米，底部设置高度为 2.0 米的低堰（顶高程为 3.89 米），两侧 6 孔均设有平板式钢闸门。洪水期芦苞水闸限制向芦苞涌分洪的流量（设计分洪流量为 1 200 立方米每秒），以减轻下游广州等重要防护对象和北江大堤及下游的防洪压力；平水期水闸向芦苞涌引水，为广州用水及改善水环境创造有利条件。由于多种原因，1923 年水闸设计存在很多不足。建成后次年汛期，为节制洪水进入芦苞涌，将左右 6 孔闸门关闭，仅留中间滚水坝过流，单宽流量达 31.3 立方米每秒，由于缺少消能设施，以致射流在闸后冲成 26.75 米的深潭，尔后虽年年抢险补救，终无效果。加之战争时期运行不当，致使闸基淘空，基桩出露，险象环生，水闸安全受到威胁。1957 年对芦苞水闸进行了加固和修复，其后 20 多年芦苞水闸经受了多次洪水考验，在广州的防洪中发挥了重要作用。旧芦苞水闸见图 1-21。

改革开放后，广州市经济社会

图1-21 旧芦苞水闸（《人民珠江》供）

图1-22 第一次改建后的芦苞水闸（《人民珠江》供）

快速发展，原有防洪工程的防御标准亟须提高，运行多年的芦苞水闸也已不能满足新的防洪要求。因此，在 20 世纪 80 年代对北江大堤进行加固时，同时对芦苞水闸也进行了改建（见图 1-22），水闸改建工作于 1987 年竣工（1987 年水闸）。改建的芦苞水闸按二级水工建筑物、百年一遇洪水位设计，设计水头差 5.50 米，相应最大泄流量 1 200 立方米每秒。1987 年水闸总宽 101 米，设置七墩八孔，每孔设潜孔弧形钢闸门，孔口尺寸 10 米 ×4 米（宽 × 高），水闸设置驼峰堰，顶高程为 4.49 米。1987 年水闸基本与 1923 年水闸一致，即在洪水期，水闸为北江承担分洪任务，其设计最大分洪流量为 1 200 立方米每秒；在平水期，水闸则从北江向芦苞涌引水，但由于闸底板高程由原来的 3.89 米升至 4.49 米，平水期水闸分水时间明显减少。在确保防洪安全的前提下，为缓解广州、佛山两市的水资源紧张状况，最大限度地增加从北江向芦苞涌的分水量。

21 世纪初对"两涌一河"进行整治时，在原水闸下游 33 米处重建了新芦苞水闸（见图 1-23、1-24），新水闸于 2007 年建成（2007 年水闸）。重建水闸按一级建筑物、百年一遇洪水标准设计，设计水位闸前为 13.24 米、闸后为 7.50 米，设计分洪流量仍为 1 200 立方米每秒。2007 年水闸总长 78 米，由 4 孔 15.0 米 ×3.5 米（宽 × 高）潜孔式闸孔组成，过流总净宽为 60 米，设置平板钢闸门。本次重建时，将水闸底板高程由 4.49 米大幅降低至 -0.5 米，可保证北江每年向芦苞涌分水 15 亿立方米，大大缓解了广州、佛山两市的水资源、环境压力。

图1-23 新芦苞水闸外景（张会来摄）

图1-24 新芦苞水闸航拍（张会来摄）

六、南桥水电站

南桥水电站又名云锡电站，新中国成立后改名为开远三发电厂，是珠江流域第一个水电站。电站位于云南省开远市城南约4千米临安河的南桥，临安河是珠江上源南盘江的支流泸江上的一小河段，发源于临安坝子，向东南方向流去，在马军营附近与异龙湖出口自西向东流来的泸江相汇合，经建水、开远，在岭旧附近入南盘江，建水以后统称泸江，当地也称临安河。

电站为低坝引水式，在南桥上游5千米处作一砌石低坝，沿山坡开凿一条长5 420米，过水断面面积为12.5平方米，全部采用浆砌条石衬砌的引水渠道，渠道纵坡 $i=0.45‰$，最大过水流量为16立方米每秒，引水入前池顺山坡敷设长66.67米、直径为1.3米的压力钢管道，引水至地面厂房发电，最大水头35米，平均发电水头33.4米，初期装2台法兰西斯竖轴水轮发电机，满发时需水量7立方米每秒，装机容量相当于896千瓦，1—4月最枯流量可达3立方米每秒，保证每年7～8个月时间满发。为了保证矿区用电，专门架设了从电厂至大屯长33.5千米33千伏的高压输电线，又由大屯架设10余千米的输电线，送电给矿山和邻近各地照明用电。

个旧锡矿历史悠久，多年来均用木材作燃料炼锡，因此城区一带燃料十分缺乏。为寻求探、采、选炼锡矿的动力，早有利用离矿区不远的临安河水发电之议。由云南矿业公司主办并上报批准，于1936年1月（民国25年）聘请德国工程师李伯奢负责勘测设计。于1937年（民国26年）2月开始动工，至1941年（民国30年），土方开挖基本完成，进水闸坝、渠道、前池、压力钢管、发电厂房、配电所、跨河大桥、隧道等重要部分衬砌工程已完成40%左右，不料日寇南犯，越南失陷，水泥来路中断，被迫停工。几年之后，昆明水泥厂建立，于1942年（民国31年）复工，至1942年12月，遂将余留工程完成：桥梁3座，涵洞5道，渠沟帮衬砌3 000余米，沟底衬砌800余米，挡墙1 500余米，沟盖一段，闸口溢流泄水道一处，取水坝复修，背水沟防护加固等。

于 1943 年 9 月投产发电。水轮机及全部电气设备均由德国西门子提供。新中国成立后，随着工业的发展，1954 年南桥水电站增装 1 台国产哈尔滨电机厂的 1 000 千瓦水轮发电机组，1955 年正式发电。南桥水电厂名称及隶属变更情况见表 1-1。南桥水电站厂房外景见图 1-25、南桥水电站厂房内景见图 1-26。

图 1-25　南桥水电站厂房外景（王琰摄）　　图 1-26　南桥水电站厂房内景（王琰摄）

表 1-1　南桥水电厂名称及隶属变更情况

名称	隶属	时间
云南矿业公司开远水电厂	云南矿业公司	1937 年 2 月至 1938 年 9 月
云南矿业公司开远水电厂	开远水电厂工程处	1938 年 9 月至 1941 年 6 月
云南矿业公司开远水电厂	云南省军事管制委员会	1950 年 3—6 月
云南矿业公司开远水电厂	云南电业管理局	1950 年 6 月至 1952 年
云锡公司开远水电厂	云南锡业公司	1952 年 1 月
开远水电厂	昆明电业管理局	1952 年 6 月
云锡开远电厂	云南锡业公司	1953 年 1 月
云锡开远电厂	南桥分场云南锡业公司	1955 年 5 月
开远发电厂	第三发电所昆明电业局	1958 年 1 月
开远发电厂	第三发电厂滇南电业局	1960 年
南桥电厂	云南省电力技工学校	1984 年 4 月
南桥电厂	红河供电局	2005 年至今

七、天生坝水电站

天生坝水电站（见图 1-27）位于沾益区西平街道天生坝下村南盘江上，属珠江流域西江水系，始建于 1958 年，主要利用松林坝子至沾益坝子之间的九龙山峡谷段落差进行发电。电站共有 3 台机组，总装机容量 3 220 千瓦。1937 年德国西门子公司制造发电机组（3 号机组）至今仍在运行。

图1-27　天生坝水电站（电站供图）

电站枢纽主要建筑物有拦河坝、引水明渠、前池、压力钢管、电站厂房、升压站等。电站取水口即为东、西分干渠渠系取水枢纽，由一座取水坝、两道取水闸、一道冲砂闸及一扇拦污栅组成。

1958 年 8 月 7 日，将饱受二战创伤的昆明石龙坝电厂德国西门子 720 千瓦发电机组拆迁落户天生坝，拉开了电厂建设的帷幕。在云南省水电学校、昆明电厂安装队、沾益运输总站和石龙坝发电厂等有关部门和单位的大力支持下，建设者们克服安装技术设备简陋、各种配件和原材料缺乏、生产生活条件十分艰苦等诸多困难，历经 100 天的突击施工，投资 24.5 万元，完成拦河坝、前池、渠道、泄水渠、进水闸、机坑、机房等基础设施建设。1958 年 11 月 18 日，天生坝发电厂第一台发电机组（现为 3 号机组）在露天油布棚内运行，当年发电量达 24.5 万千瓦时，开创了珠江源头水力发电的奇迹。

1962 年 7 月，天生坝电厂并入原曲靖专区电厂，与越州电厂火力发电机组并列运行。1970 年 7 月，并入电网，年利用 5 833 小时，发电量高达 420 万千瓦时。

1984 年 4 月，天生坝电厂扩建 1 号、2 号机组总装机 2 500 千瓦投产。历经半个多世纪的天生坝电厂，借助珠江源头水能资源为曲靖地区发展提供了能源支撑。

第四节 其他遗产

一、南宁南湖

南宁南湖（见图 1-28）位于南宁市区西南部，湖区面积达 126.6 万平方米，其中湖泊面积 93 万多平方米，蓄水量达 200 万~300 万立方米，属西江郁江水系，呈东北西南走向，长约 4 千米，宽 200 多米，是一河流故道。南湖水体为东西走向，分为上湖、中湖、下湖三个区域，总体呈带状水系特征，总体地域跨度较大，南湖驳岸线全长约 7 975 米，其中北岸岸线长 3 560 米，东岸岸线长 330 米，南岸岸线长 3 685 米，西岸岸线长 400 米。现建有跨湖长堤和 7 孔拱桥，以及长达 8.17 千米的环湖游道。

图1-28 南湖航拍（汇图阿飞映像）

公元 1200—1300 年前，唐代以前邕溪水（茅桥江）流经附近注入邕江。每逢邕江水涨，洪水倒灌入邕溪水，漫淹南宁城。唐景云年间（公元 710—711 年），邕州司马吕仁高为减轻南宁洪水灾害，征集民工，在邕溪水两岸分流建堤，蓄水成湖，以减轻洪水造成的伤害。历代沿湖植树种花，逐渐成为风景区。南湖古址见图 1-29。

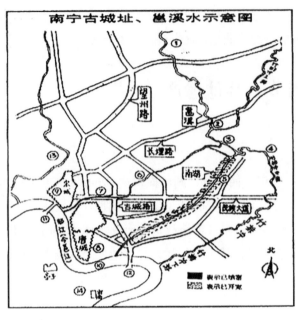

①—沙江；
②—旧地名：白石咀（今茅桥医院西北面）；
③—茂桥江；
④—竹排冲中断；
⑤—南湖（旧地名：壤边）；
⑥—葛麻岭地域的清水湾；
⑦—今民族大道西段；
⑧—唐城（今广西军区至纬武路一带）；
⑨—宋城（今民生路至共和路一带）；
⑩—今邕江（即郁江）；
⑪—今邕江大桥；
⑫—今白沙大桥；
⑬—今朝阳溪（旧名龙溪）；
⑭—雷庙遗址。

图1-29 南宁古址（南宁档案馆供）

新中国成立后，1972 年正式开辟为以南湖为主题的南湖公园，公园面积达 1 900 亩，绿化面积 500 亩。公园内设有李明瑞、韦拔群百色起义陈列馆、槟园、盆景园、兰花圃等园中园及游乐设施，周围建设有南湖广场、名树博览园等景点。湖中人工养殖鲢、鳙、鲤等多种淡水鱼类。

2002 年的南湖南广场、2003 年的水幕电影综合水景工程、2008 年的南湖亲水步道工程使园内湖光水色，碧波荡漾，陆地花木交融，是广大游客游览观光、休闲娱乐的好地方，也是重大节日举行游园文化活动的重要场所。

二、六脉渠

六脉渠是古代广州城市排水防涝濠渠系统，"渠通于濠，濠通于海，六脉通而城中无水患"。于是有"六脉皆通海，青山半入城"的山水格局描绘。"六脉渠"的说法起源于北宋，后被明清所继承，但广州城历代排水渠道的位置并不是稳定不变的。在历史的进程中，有些渠道湮没了，有些河流又淤成新的渠道。明清广州城范围比宋元有所扩大，新扩的城区需要增加新的渠道排水。因此，不同朝代的广州城有不同的"六脉渠"。

宋六脉渠所组成的排水系统是在广州城的地形特征的基础上修成的南北流向的 6 条排水渠。明代向北扩城，在继承宋六脉渠的基础上，新增北城区的排水系统以适应明代城市的需求。到清代，虽然继承了明城的轮廓，但明六脉渠普遍失传，乾隆年间的乾隆五脉虽然继承了明代排水系统，但不完备，仍解决不了水患。至嘉庆十脉，广州城才有比较完备且适应清代广州城实际情况的排水系统，该系统也一直被沿用。同治六脉和光绪六脉延续了嘉庆十脉，但重新把众多排水渠道分类为以六条主渠为主的互相连通的排水系统，合"六脉"之意。至此，经过明清几代人的努力，清代广州城有了完备的排水系统，也有了真正意义上的"六脉渠"，见图1-30。

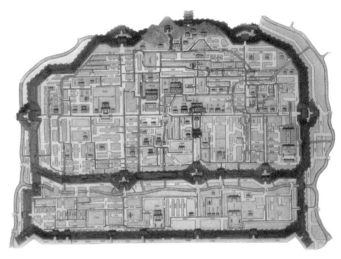

图1-30　清六脉渠（东濠涌博物馆供）

宋之六脉渠的分布与走向，据《广东通志》记载，"所谓'六脉'者：草行头至大市，通大古渠，水出南濠，一；慧寺至观堂巷、擢甲里、新店街、会同场、番塔街，通大古渠，水出南濠，二；光孝寺街至诗书街，通仁王寺前大古渠水，水出南濠，三；大均市至盐仓街，及小市至盐步门，通大古渠，四；按察司至清风桥，水出桥下，五；子城城内出府学前泮池，六。"

宋代广州城内外曾有多条通达江海的水道，随着城市的扩建和改修，这些水道逐渐演变为排涝濠渠，并于明代基本定型。清代曾多次进行修浚整治。六脉渠的修建，造福了当时广州府的市民。现在这些濠渠仍在发挥作用。东濠涌见图1-31、图1-32。

图1-31　昔日东濠涌（东濠涌博物馆供）

图1-32　今日东濠涌（陆永盛摄）

三、同凌陂

凌江古称楼船水，源于南雄百顺镇杨梅村的俚木，至城郊水西村与浈江汇合，河长 65 千米，流域内集雨面积 365 平方千米，年均径流深 800 毫米，年均径流量 2.92 亿立方米，是南雄境内仅次于浈江的第二大河。陂是建在流水之上的半水坝性质的水利设施，主要用于将水流推回到蓄水池中，然后通过人力或水车将其引至田中。

宋天禧年间（1017—1021 年），广南保昌县（今广东南雄市）知事凌皓在横浦水倡建筑陂，陂长 50 米，伐石堰水，开渠灌田 5 000 余亩（《直隶南雄州志》为 2 000 余亩）。乡民称该陂为凌陂，横浦水也改称为凌江。这是南雄已知的第一个由官府兴助的较大型的砌石结构的水利工程，也是广东有史可稽的较早的水利工程。凌陂在南雄水利史上迈出了突破性的一步，此后兴建的陂有：宋崇宁年间（1102—1106 年）南雄知州连希觉在今全安乡吊基岭下伐石筑堰，"干渠长 30 余里"，引水灌田 1 000 余亩，人称连陂；元至止年间（1341—1370 年）罗陂（灌田 2 000 余亩）；明洪武三年（1370 年）南雄知府叶景龙筑陂引凌江溉田 5 000 亩，后人称为"叶公陂"；明洪武十五年（1382 年）乡民王以敬等倡建虎岸陂，灌田 4 000 余亩；清嘉庆十七至十九年（1812—1814 年）知府罗含章在凌江的东岸建成同丰陂，挖长 1 800 余丈、宽 4 尺的沟渠灌田 2 000 余亩，"高田、低田皆无争矣"；以及永灌塘、大湖塘、湖口塘、长丰塘、新塘等农田水利工程。南雄开始出现大面积连片稳产农田区，农业生产步上新台阶。

凌陂经历代维修，如明洪武二十八年（1395 年）岑仁忠修理了凌陂；明正统年间（1436—1449 年）南雄知府郑述兴利除害，修凌陂；清康熙三十年（1691 年），董子晋率领乡民修复凌陂，并捐义租田谷 290 石，作为历年修理水利的基金；清康熙二十二年（1683 年）凌陂塌坏，南雄知府党居易发动百姓捐金三百，以工代赈，亲督乡民修筑，农田因而获水灌溉。因而凌陂到清嘉庆时"陂水充足，溉田肥腴，为州属水利之冠"。凌陂在中国水利建设史上写下了光辉的一页。

南雄陂塘等水利设施建设受到自然生态以及社会生态的严重制约。①就自然生态而言，据《保昌县志》和《直隶南雄州志》记载，自宋天禧至清嘉庆（1017—1820 年）的 800 多年间兴建的大小陂塘虽然有 2 300 多宗，但各种因素造成的水土流失，使陂渠山塘经常受沙土填塞，如果没有有效的管理方式就会废弃。清《南雄直隶州志》卷 10《水利》就有记载：道光四年（1824 年），距罗含章兴建水利的时间不过十年，水利设施大多废弃，"存而食其利如凌陂、通汇塘者十耳"。由于有持续的维护，凌陂千年里仍发挥着作用。②就社会生态而言，主要河流上的陂塘会与航运发生矛盾。比如清康熙三十八年（1699 年），始兴县木排商邓玉万等放排通过凌陂，而保昌县士绅张九德等以木排通过会毁坏陂坝为由，向邓玉万等抽取厘金。邓玉万等不服南雄府的判决，将官司打到广东巡抚。广东巡抚判令木排经过时应先在距离陂坝五里远的地方拆运再行通过，以免木排损坏陂坝，而凌陂士绅亦不得抽取厘金。此事被乡民立《凌陂水利纠纷碑记》于全安镇陂头村。清嘉庆十八年（1813年）凌陂重修，再次立《重修凌陂碑记》碑刻于全安镇陂头村。

1958年凌陂与同丰陂合二为一改名同凌陂（见图1-33），永久性混凝土拦坝代替原两陂的临时性木结构。坝高5米、长100米，引水流量0.6立方米每秒，左干渠8 000米，右干渠10千米，灌溉凌江下游两岸农田6 000多亩。该陂经30多年运行，出现三处险情：一是陂身左侧2.6米长陂石与相连的闸墩堰顶部位开裂，上游侧明显沉陷，并有多条裂缝；二是陂身右侧因水流长期冲刷而露出钢筋；三是右岸启闭室墙身开裂。排险工程于1995年冬动工，1996年1月竣工，耗资42.6万元。

图1-33　同凌陂航拍（邱晨辉摄）

四、陈公堤与苏堤

陈公堤、苏堤（区别于杭州西湖的苏堤）均位于广东省惠州市西湖景区内。西湖由互相连通的平湖、丰湖等6个湖组成，陈公堤与苏堤并行于丰湖，堪称西湖双翼。陈公堤、苏堤所在位置示意见图1-34。

陈公堤全长392米，始建于北宋治平三年（1066年），该堤由时任惠州知府陈偁主持修建。陈偁（1015—1086年），字君举，福建沙县人，北宋政治家。陈偁为官以治行闻、善于惠政著称。北宋嘉祐五年（1060年），陈偁任为广东惠州知州。当时惠州居民多以捕鱼为业，是一个穷乡僻壤之地。其主政惠州期间，得知惠州城

图1-34　陈公堤、苏堤位置示意（西湖风景区管理局供）

西有一个大湖泊堤废水涸，但民众仍要交纳鱼税，负担很重。于是宋英宗治平三年（1066年），他主持开凿丰湖，恢复渔业生产。筑堤的过程包括"领经画，筑堤截水""东起中廊，西抵天庆观（今元妙观），延袤数里"，还在堤上"中置水门备潦，叠石为桥于其上"。不仅如此，陈偁还在堤两旁"植竹为径二百丈"以固堤。另外，一旦拱北水闸闭合，横槎、新村、水帘、天螺诸泉水就汇合成湖。由于湖面扩大许多，西湖堪称"广袤十里"，自此，"湖之润溉田数百顷，茸藕蒲鱼之利，岁数万。民之取之于湖者，其施已丰"。"丰湖"一名由此而得，后来因为"湖之浸以负郭西"，才称之为西湖。据《广东通志》记载："惠州知府陈偁于城西筑北堤200余丈，使之成广袤十里丰湖（西湖）"。陈偁在惠州最大的功劳，可以说是将西湖变成惠州最早，也是最大的一项造福渔农的水利工程。惠州百姓十分感激陈偁为惠州百姓所做的贡献，把这条堤称作陈公堤（见图1-35），并建立祠堂奉祀陈偁。

明万历年间，太守李几嗣重筑陈公堤时易木桥为石桥，才有了现在的明圣桥。清吴骞的《惠阳山水纪胜》说"筑甓石门，通源水注之，湖桥以木"，这是陈公堤清初模样。清同治十年（1871年），知府刘溎年再次修筑。直到1930年，张友仁、陈真如、黄英京等先后出资4700银圆，给陈公堤砌石加固，扩大堤面，两岸夹种杨柳，才有了近代陈公堤的模样。2002年底，丰湖整治，堤中明圣桥拆除重建，沿堤铺设排污管道，重新铺上混凝土路面。堤上绿荫匝地，两侧湖水波光浩渺，与苏堤遥相呼应。至此，经历次加固，已是混凝土路面的陈公堤也叫"黄塘东路"，堤旁有刻着"陈公堤"3字的大石（见图1-36）。

苏堤全长460米左右，始建于北宋绍圣三年（1096年），即陈公堤建成的30年后。绍圣元年（1094年），苏轼被贬为远宁军节度副使、惠州（今广东惠阳）安置，任职惠州期间，他体恤惠州人民划船涉水之苦，把皇帝赏赐的黄金拿出来，捐助疏浚西湖，并修了一条过湖长堤。后世为纪念苏轼，命名此堤为苏堤（见图1-37），堤上有桥，名曰"西新桥"，后人称为"苏公桥"，又名"丰乐桥"。

苏堤横于平湖与丰湖之间，起于闹市区的西湖东大门（平湖门），止于狮山脚下。清雍正初，知府吴骞，以堤亘于湖之旷，处天心，月到空明，身入冰壶，水面金波璀璨，景如瑶岛，水天一色，上下寒光，有诗云"茫茫水月漾湖天，人在苏堤千顷边，多少管窥夸见月，可知月在此间圆"，遂称"苏堤玩月"（见图1-38）。中华人民共和国成立后，砌石加宽堤面，两旁广栽相思、垂柳。漫步其上，放眼湖中，洲渚浮碧，朱楼隐现，波光潋滟，花艇弋游，华灯水影，玉塔卧澜，湖风戏月，山色含黛。1983年，惠州市人民政府按其旧貌而重建西新桥。全桥用花岗岩石砌成，设计、施工考究，由惠州著名书法家秦咢生题字。

图1-35　陈公堤（王锦琼摄）

图1-36　陈公堤石刻（王锦琼摄）

图1-37　苏堤（王锦琼摄）

图1-38　苏堤玩月（王锦琼摄）

桥呈弧形，桥下有六个大小不一的洞眼，便于游艇自由穿梭。古桥新貌，蔚为壮观，西湖苏堤逐渐成为人们游玩的好去处，而"苏堤春晓"也成为惠州西湖八景之一。

五、连州海阳湖

连州海阳湖（见图1-39）即现在连州的北湖洞、番禺路一带，属粤北巾峰山以南低洼地带。最早由唐代名人元结所建，依据地形凿挖筑岛，广蓄泉水，用工程量最少、最经济的方法，完成了一项前所未有的水利工程。50年后，连州刺史刘禹锡又对海阳湖进行疏浚扩充，并结合当地自然环境，引入中原与江南园林艺术，在海阳湖打造了吏隐亭、切云亭等。这一曾历经上千年历史的岭南名湖，后因人口激增、百姓在湖边造田而消失湮灭。

图1-39　海阳湖（连州刘禹锡纪念馆供）

唐广德年间（约公元764年），唐代的大文学家元结（字次山）由水部员外郎出为道州（湖南道县）刺史。连州离道州不远，元结一次游览连州，登城楼，见到城外有一片山光水色的大池塘，非常高兴，将其扩建成了一个500多亩的大湖，命名海阳湖。他的《宴湖上亭作》道出惜别之情：广亭盖小湖，湖亭实清旷。轩窗幽水石，怪异尤难状。石尊能寒酒，寒水宜初涨。岸曲坐客稀，杯浮上摇漾。远水入帘幕，浙沥吹酒舫。欲去未回时，飘飘正堪望。酣兴思共醉，促酒更相向。舫去若惊凫，溶瀛满湖浪。朝来暮忘返，暮归独惆怅。谁肯爱林泉，从吾老湖上。

唐元和十年（公元815年）刘禹锡被贬来连州为刺史。刘禹锡在连州重新疏浚修缮了海阳湖，在湖畔增建吏隐亭、切云亭、云英潭、玄览亭、斐溪、蒙池、梦丝瀑、双溪等亭台水榭，统称为"阳湖十景"（又名"湖上十亭"），亲自为每处景区赋诗一首，合称为《海阳十咏》。经过了刘禹锡的精心修筑，海阳湖不但是连州最大的风景区还是唐代岭南最早的艺术园林。

刘禹锡在《吏隐亭述》说海阳湖"视彼广轮，千亩之半"，也就是说面积有500亩左右。唐代1亩约合今0.783亩，实际上相当于现代的390多亩，即面积0.26平方千米。海阳湖相当于今方圆500米左右中等规模的水体公园。

海阳湖是在古时真实地存在于连州的一大风景区，当时它对中原文化的传播，特别是对岭南以后园林的建设，起了一个示范作用，对当地人民的山水文化熏陶影响深远。在唐代，海阳湖、燕喜亭等风景都曾被作为岭南风景的代表作，描绘成风景画，成为文人雅士之间的赠物。诗人李涉就曾收到过一幅海阳湖风景画，诗人喜爱之至，将画悬挂于卧室并作诗《谢王连州送海阳图》答谢赠者：谢家为郡实风流，画得青山寄楚囚。惊起草堂寒气晚，海阳潮水到床头。

六、文公渠

文公渠（见图1-40）（俗名文公河。现名西河）位于宜良坝区南盘江以西，北起江头村，南至乐道村，全长23千米，从首高程1 545米起始，冉冉南下。源头的阳宗海水，经池河、摆衣河流至江头村，再拦河筑坝引入文公渠，灌溉宜良坝子数万亩农田。文公渠始建于明洪武二十七年（公元1394年），先开汤池渠导阳宗海水，因日久淤。又于明嘉靖四十一年（1562年）重新修筑，清代曾做过整治，民国期间又进行了较大规模的整修、扩大、改建。中华人民共和国成立后针对文公渠的水源问题和工程病害进行加固配套。文公渠历时600余年，经过历次认真治理，至今仍发挥着宜良坝子骨干水利工程作用。

图1-40 文公渠（《人民珠江》供）

阳宗海位于昆明市东南部，毗邻昆明市主城区，总面积 546 平方千米，比文公渠进口高 230 米。阳宗海形如草鞋，东西山势陡峭，岸高水深。其开发利用始于明代，第一次在明洪武二十七年（公元 1394 年），驻云南的军队为屯田灌溉而兴修水利，开凿汤池河导阳宗海出水汇入摆衣河，后因年久失修而沟渠淤塞。第二次于明嘉靖四十一年（公元 1562 年）临元金事道文衡征召县长伍多庆，指挥江玺，不仅疏导了汤池，还在摆衣河上拦河筑坝至宜良县，沿途都经过了认真的拓宽挖深，对涵闸工程也做了一些修建，渠尾至谭官营止。由于文衡在修建该引水工程的巨大贡献，因此后人取名为文公渠。清雍正九年（公元 1731 年）在宜良县城东门外文公渠旁边建一"文公祠"，内塑文公泥像，并铸有文公铜像一尊，规定每年农历九月初三（文衡生日）致祭，并创办讲堂五间为文公祠义学。第三次修建于清康熙二十六年（公元 1687 年）发洪水冲毁文公渠的堤防，知县高士朗捐俸开挖，挖宽一丈，挖深七尺，水患得以平息，此次整治工程渠尾止于胡家营。到了道光十二年（公元 1832 年）知县吴均访下游故道，由胡家营堰内筑堤开挖，延长渠道二十余里，并开老毛沟以泄水，开牛鼻古沟以灌溉西南各村堰塘。民国二十八年（公元 1939 年）请准经济部派第六水利设计测量队会同云南省农田水利贷款委员会于十月下旬，历时 4 个月，上自阳宗海下至南狗街，勘测规划完竣，贷款 750 万元（国币）对文公渠进行较大规模的整修、扩建、改建。全部工程于 1942 年 4 月完成。经过此次整修、扩建、改建，文公渠水已流至狗街车站，当时文公渠的计划灌溉面积号称七万亩。中华人民共和国成立后，1950 年 9 月宜良县人民政府接管了文公渠，在县人民政府的直接领导下，对文公渠的组织机构和水利工程进行整理。中华人民共和国成立后在文公渠水系上新建和整修了一系列工程，包括新修第二干渠、新修摆衣河引洪工程、支砌加固汤池河工程、新修贾龙河引水工程、新修阳宗海轴流泵站工程，以及其他整修配套工程和抗旱临时措施，逐步消除了灌区的洪涝灾害，改善了灌溉条件，保证了灌区持续稳产、高产。

阳宗海水出海后，穿过汤池街在永丰营西汇入摆衣河天然河道，经 12 千米自山谷中出宜良坝，在江头村拦河坝引入文公渠，经下梨者、洗澡塘、朱官营、回辉村至鱼龙石桥进入宜良城区，出城南经启春庙、杨家湾、谭官营彭家庄，进入南羊区的黑羊村、前所，胡家营哈拉村、桥头营、羊街、九甸营、左所、中所至乐道村。

文公渠自明代建成以来，历经沧桑，几经整治，直到民国年间，又建成控制阳宗海湖水蓄泄的文公闸（见图 1-41），该工程配套才算基本齐全，其间经历了 600余年的坎坷岁月。它利用高原湖泊作为调节水库，改变了只靠天然径流的局面，开创了一条利用天然湖泊进行引水灌溉的途径，阳宗海水就这样长流不息，滋润着大地。

七、盘江新坝

明天启年间（1621—1627年），陆凉州舟东村（今同名）人朱冠三等在州城旁五里许的南盘江上建石坝一道，称撤河坝，系一灌溉农田设施。至清雍正年间（1723—1735年），将此坝拆移至下游10里处重建，改名新坝（见图1-42、

图1-41 文公闸（《人民珠江》供）

图1-43）。建新坝时，即配设闸门，并"安排河头村（今四河乡）人司闸启闭，灌溉民田"。有20多个自然村寨受益，每年秋后，凡受益农户都交纳水租。新坝配置闸以后，"用水时闭闸，排水时启闸"，兼有灌溉及调洪、防洪之功能。经过多次岁修维护和改建，至民国中后期，新坝共设闸13孔，全长63米，其左侧7孔是老闸，"墩大孔小，不利排水"，右侧6孔是民国33年（1944年）新建，新建的墩身较小。

"闸门均用大小树杆塞充，又无管理"，故新坝泄水能力低，江水上涨时，反而造成新坝以上普济寺一带约3万亩低洼农田受淹。民国34年至35年（1945—1946年），对新坝进行了改造和扩建，改小闸墩，加宽闸门，并增开3孔新闸门，以加大泄量，收到一定成效。改、扩建工程共花去经费0.59亿元（国币），可"灌田4.2万亩，地2.4万亩。"

中华人民共和国成立后，对新坝进行两次较大的改、扩建。1965年增建新闸2孔，共18孔。1971年将闸门全部改为机械闸，以及开通新坝至县城东南门，新坝至四合乡、大泼乡，新坝至陆良华侨农场

图1-42 盘江新坝下游（白鹤堡摄）

图1-43 盘江新坝右岸（白鹤堡摄）

等 3 条灌渠，全长 14 千米。两次改、扩建共投资 32 万元，劳力 27 万工日。灌溉田地 3 万亩。新坝两次改、扩建后，经多年运行，闸门启闭灵活，效果尚好。

1977 年开挖南盘江新河段后，位于被废弃的老河上的新坝仍需发挥盘江新坝灌溉农田的功效。2020 年中小河流整治重点项目，启动老盘江河道的综合整治，历经半年，老盘江旧貌换新颜。

八、水源洞

水源洞清代以前名灵岩或灵洞，为中国十大溶洞之一，洞内有泉涌出，汇入澄碧河，流入珠江，为珠江支流的源头，故名水源洞。

图1-44　水源洞外景（陆永盛摄）

图1-45　水源洞内景（陆永盛摄）

水源洞位于凌云县城北百花山下，距凌云县城约 1 千米，是凌云县著名的岩溶景点和佛教旅游胜地，也是广西壮族自治区重点文物保护单位，自治区级森林公园，百色市十八景之一。水源洞景区分为内洞和外洞。洞内有占地面积 22 000 平方米、宽 38 米、高 20.8 米的大厅。

洞口崖壁上有历代名人骚客留下的石刻近百幅，中洞顶最高的石崖上刻有"第一洞天"（见图 1-44），为清乾隆四十三年（1778 年）左江观察使王玉德所题。在"第一洞天"里有"佛"字石刻。高 1.7 米，宽 1.2 米，下方落款："楚南八十老人刘璜书"。水源洞内景及出水口见图 1-45、图 1-46。

图1-46　水源洞出水口（陆永盛摄）

九、南雄"神仙渠"

神仙渠（见图1-47）位于南雄市江头镇园圃村委会吐珠岭村的后龙山上，开凿于半山腰的红砂岩水渠在山岭上穿腰而过。"就算是秋季枯水期，这条水渠里的水流依旧源源不断，当地村民称其为'神仙渠'。渠宽35厘米，渠壁顶宽25厘米，可以行人。通过村中传说和《直隶南雄州志》，可断定这条水渠应修建于清嘉庆年间或更早，至少有200余年历史，有人称其为古代红旗渠。

图1-47　神仙渠（谌莎莎摄）

第二章　江河湖库

第一节　江河源头

一、珠江源

珠江源（见图2-1）位于云南省曲靖市乌蒙山脉的马雄山东北麓一个高约6米的双层石灰岩伏流出口——"水洞"（当地名称）（见图2-2），为珠江正源。该水洞位于北纬25°53′57″，东经103°55′18″，海拔2 118米，在马雄山主峰东面3千米，距曲靖市区60多千米。

明末徐霞客的《盘江考》考察南盘江为西江，认为南盘江发源于云南沾益州（今云南省宣威市）炎方驿附近；清代齐召南的《水道提纲》称南盘江"源出云南新沾益州（今云南省曲靖市沾益区）西北三十里之花山"；《嘉庆重修一统志》指出：在沾益州（今曲靖市沾益区）北一百里的花山洞为南盘江之源，等等。1942年，云南省南盘江水利监督署工务处提出的《正江实勘报告书》指出：水源"出小孤山（老高山）刘麦地，经松韶关，向南潜行入花山洞（实为大锅洞）伏流约半千米乃出"其出口洞"乃南盘江最大最远之源头"。1952年，珠江水利工程总局的《南盘江查勘报告书》认为：发源地在沾益县境马雄山的山麓，水由一个高约6米分成两级

图2-1　珠江源航拍（缪宜江摄）

图2-2　珠江源"水洞"（缪宜江摄）

的石灰岩岩洞流出，这是南中国最大河流珠江的发源地。水利部珠江水利委员会于1985年8月16日，会同云南、贵州、广西、广东4省（区）水利（水电）部门及云南省曲靖市、市有关单位，在马雄山举行珠江定源活动，竖立石碑为记。碑记确指：珠江"源出马雄，古隶牂牁，今属曲靖"，"滴水分三江，一脉隔双盘，主峰巍峨，老高峙立，溪流涌泉，若暗若明，汇涓蛰流，出洞成河，水流汨汨，终年不绝，是乃珠江正源"。

二、北江源

北江流域跨越广东、湖南、江西和广西4省（区），上游浈江、武江汇合后流经韶关市、清远市，至佛山市三水思贤滘，与西江相通后汇入珠江三角洲，于广州市番禺区黄阁镇小虎山岛淹尾出珠江口，是珠江流域第二大水系。

据《珠江水利简史》（1990年）：北江源出江西省信丰县石碣大茅坑，它的主流是浈水。《珠江志》第一卷（1991年）：北江干流发源于江西省信丰县石碣大茅山（分水岭高455米）；《河湖大典》（2013年）：北江干流浈水发源于江西省信丰县油山镇。2020年经过专家论证，确定了北江源源头在信丰县小茅山凹口出水点，出水点高程436.23米。北江源头区大小茅山见图2-3。

图2-3 北江源头区大小茅山航拍（陆永盛摄）

三、东江源

东江，古称湟水、循江、龙川江等，珠江水系干流之一。自东北向西南流经广东省龙川县、和平县、东源县、源城区、惠城区、博罗县至东莞市石龙镇进入珠江三角洲，于黄埔区禺东联围东南汇入狮子洋，发源于寻乌县。

《珠江志》第一卷（1991年）：东江发源于江西省寻乌县桠髻钵。寻乌水作为东江源头水，从桠髻钵山源头流经寻乌县的三标、水源、澄江、吉潭、文峰、南桥、留车、龙廷，进入广东省兴宁县小寨、龙川渡田河、枫树坝水库流入东江。寻乌境内长106.5千米。东江发源地桠髻钵山主峰见图2-4，东江源瀑布见图2-5。

图2-4　东江发源地桠髻钵山主峰（寻乌县水利局供）　　图2-5　东江源瀑布（寻乌县水利局供）

四、红河源

　　红河发源于大理州巍山县永建乡米鹿么村，"额骨阿宝"就是红河源头的名字，在巍山彝族话里，"额"为水之意、"骨"为弯弯曲曲、"阿宝"是父亲的同义语，"额骨阿宝"连起来就是一条弯弯曲曲的河流的父亲，最源头部分称羊子江。源头东临

图2-6　红河源（谌莎莎摄）

巍山永建，南接巍山紫金，西邻太邑己早，北望苍山西坡，海拔2 500米。红河源及红河源头河流见图2-6、图2-7。

图2-7 红河源头河流（陆永盛摄）

五、韩江源

韩江发源于陆丰市、紫金县交界的乌凸山七星嶂（见图2-8），称南琴江，自西南向东北流，至琴江口汇北琴江后称琴江，至水寨河口汇五华河，至兴宁水口汇宁江后称梅江，其后又与程江、石窟河、松源河等汇合至大埔县三河坝与来福建省的汀江汇合形成韩江。

图2-8 韩江源（谌莎莎摄）

第二节　高原湖泊

一、抚仙湖

抚仙湖（见图 2-9、图 2-10）是我国最大蓄水量湖泊、最大高原深水湖、第二深淡水湖泊，属南盘江水系，位于云南省玉溪市，是珠江源头第一大湖，因湖水清澈见底、晶莹剔透，被古人称为"琉璃万顷"。湖平面呈南北向的葫芦形，流域径流面积 1 053 平方千米（含星云湖 378 平方千米），抚仙湖早有记载，称"大池"，唐宋之际因罗伽部落居澄江，称"罗伽湖"，明改名抚仙湖。

图 2-9　抚仙湖航拍景一（潘泉摄）

图 2-10　抚仙湖航拍景二（潘泉摄）

抚仙湖湖面海拔为 1 722.5 米时，水域面积约 216.6 平方千米，湖长约 31.4 千米，湖最宽处约 11.8 千米；湖岸线总长约 100.8 千米，最大水深约 158.9 米，平均水深约 95.2 米，相应湖容约 206.2 亿立方米，水质为Ⅰ类。入湖河道包括梁王河、东大河、马料河等 52 条，间断性河流和农灌沟有 53 条，多年平均入湖径流量 16 723 万立方米，其唯一出口海口河多年平均出流水量约 9 572 万立方米。抚仙湖-星云湖出流改道工程完成后，抚仙湖最高水位 1 722.00 米、最低水位 1 720.50 米；每年 2—5 月抚仙湖向星云湖输水，其余时段两湖独立运行，遇较大洪水时向海口河排泄。抚仙湖流域植被以草丛、灌丛、针叶林等次生植被为主。蓄水量相当于 15 个滇池和 6 个洱海。

二、星云湖

星云湖（见图2-11）位于江川区北1千米处，与抚仙湖仅一山之隔，一河相连，俗称江川海，为高原断层淡水湖。湖面海拔高出抚仙湖1米，该湖南北长10.5千米，东西平均宽3.8千米，最窄处2.3千米，湖岸线长36.3千米，总面积为34.71平方千米，蓄水量2亿立方米，平均水深7米。最大深度10米，透明度约1.5米。湖周围有主要河流16条，均为季节河，河水主要靠雨水补给。因此，夏秋水位上升，春末夏初水位下降，升降幅度在1米左右。

图2-11　星云湖（潘泉摄）

清嘉庆九年（公元1804年）县令许享和邻县联合疏浚，并且规定年年流通，分断立碑为记。1922年，蒙自道尹秦光弟对星云、抚仙两湖口组织了较大的修凿工程。1987年12月25日隔河复航工程竣工，建成铁闸。重建、新建大桥4座。

抚仙湖和星云湖是一对"姊妹湖"，两湖通过一条短短的隔河相连，原来每年有4 000多万立方米的星云湖劣质水注入抚仙湖中。星云湖由于区域内河流污染，湖水水质降为劣Ⅴ类，使抚仙湖面临严重的污染威胁。2003年初环境监测显示，抚仙湖水质从Ⅰ类下降为Ⅱ类，两湖保护治理已刻不容缓。两湖出流改道工程（见图2-12）：封住海口河，抬升抚仙湖水位，使抚仙湖水倒流进入星云湖，稀释和置换星云湖的

图2-12 星云湖出流改道工程（玉溪市水利局供）

图2-13 星云湖出水口生态公园（玉溪市水利局供）

劣质水。在星云湖西岸开挖隧洞，作为出流通道，引水经过人工湿地净化后，进入玉溪主城区，供景观用水及工业用水，水质达Ⅲ类标准，还可作城市饮用水。2003年10月底开工建设，2008年5月工程竣工。

星云湖水改道后，流经5个县（区），迂回170多千米再注入南盘江，增强流域灌溉能力。通过抬升抚仙湖水位，不但截断了星云湖排向抚仙湖的劣质水，每年还有2 700多万立方米的抚仙湖优质水倒流进入星云湖，对星云湖内的劣质水进行置换。通过出流改道工程，星云湖每年有6 000万立方米至1亿立方米的湖水流入玉溪市红塔中心城区，有效地补充了工业、农业及城市发展用水，也为优化配置玉溪水资源、加快推进生态城市群建设和区域经济发展创造了有利条件。星云湖出水口生态公园见图2-13。

三、阳宗海

阳宗海（见图2-14、图2-15）是云南九大高原湖泊之一，地跨澄江、呈贡、宜良三地，位于东经102°05′～103°02′，北纬24°51′～24°58′，距昆明36千米，属于珠江流域南盘江水系。阳宗海古称大泽、奕休湖，明代时又称明湖，南诏大理国时期设三十七部，明湖一带为强宗部，宋宝祐四年（公元1256年）设强宗千户所。后强宗讹为阳宗，故名阳宗海。元代称阳宗为"大池"，池旁有温泉，故又名"汤池"。

明洪武二十一年（公元1388年），开挖了一条汤池渠，引海水灌溉农田，湖水由东北侧的宜良池出口，流经宜良坝子汇入南盘江。

图2-14 阳宗海航拍一（潘泉摄）

湖面呈纺锤形，两头宽，中部略窄，海拔1 770米，南北长约12千米，东西宽约3千米，湖面积31.49平方千米。阳宗海总库容6.16亿立方米。入湖水源主要有阳宗大河、石寨河、七星河等，汤池渠为唯一出口河道。

图2-15 阳宗海航拍二（潘泉摄）

1997—2001年对阳宗海采取了取缔网箱养鱼、机动船等污染控制措施，在点源方面，阳宗海发电厂1997年以后重新进行了设备的升级改造；在面源方面，实施了环湖截污工程。2003年11月，由宜良县环保局组织实施的阳宗海北岸（宜良部分）环湖截污及污水处理厂工程建成并投入使用。2009年9月，成立昆明阳宗海风景名胜区管理委员会。2012年11月29日，通过了修订的《云南省阳宗海保护条例》（2013年3月1日正式实施）。2015年12月，阳宗海环湖截污项目启动，确保了阳宗海水质持续好转。

四、杞麓湖

杞麓湖（见图2-16），在唐代时称为"海河"，后又称"通湖"。位于云南省玉溪市通海县境内。以位于杞麓山（又名秀山）畔而得名。因南距通海县城1.5千米，又名通海，属珠江流域南盘江水系。

杞麓湖属断层陷落湖，湖泊长轴呈东西向，湖水位 1 796.62 米，湖面积 36.73 平方千米，湖岸线长 45 千米，湖泊长 13.5 千米，平均宽 2.72 千米，最宽处 5.2 千米，容积 1.45 亿立方米，汇水面积 340.8 平方千米。入湖河流有 7 条，其中红旗河、者湾河、中河、大新河为四大入湖河流，平均径流量为 1.1 亿立方米，红旗河的入湖量占近 50%。

2010 年以来，通海县把整治农业农村面源污染放在首位，实施面

图2-16　杞麓湖航拍（潘泉摄）

源污染整治工程，加大力度引导沿湖周边农业农村转变生产、生活方式，提高流域区群众参与湖泊保护意识。

五、异龙湖

异龙湖（见图 2-17、图 2-18）位于石屏县城东门约 1 千米。湖周长 75 千米，水面面积 39 平方千米，平均水深 2 米，最深处约 7 米，蓄水量约 1 亿立方米，为珠江流域云南八大湖之一，湖面面积小于抚仙湖。湖出口在东，称湖口河，位于新街湖口河向东流经建水，会旷野河而为泸江，汇南盘江流入珠江。湖上及湖畔风景名胜极多，如大水城海潮寺、小水城后乐亭及来鹤亭、白浪水月寺、龙港广映寺、五爪山

图2-17　异龙湖航拍（潘泉摄）

罗色庙、湖北边的乾阳山等。

雨季河潦水汇入其中，然皆非湖水之源，盖湖为发源湖，北岸龙潭甚多。南部共 72 个港湾，较大者九曲，与湖上西部三屿，会积九曲三岛（三岛，即大水城、小水城和马垴龙）。

图2-18　异龙湖风光（潘泉摄）

唐代时，乌麽蛮始居大岛上，共筑城名末束城，是为石屏筑城之始。在宋代，蛮夺而据之，名大水城、小水城。明初汉人到石屏，不解彝语，误以为"异椤"是湖的名称，于是把湖名叫作"异龙湖"。

六、大屯海

大屯海（见图 2-19）在红河哈尼族彝族自治州中部，地跨个旧市和蒙自市境，东与长桥海毗邻，西距个旧市大屯镇约 1.5 千米，故名大屯海。这是一个由蒙自断陷盆地内地表水向洼处汇集而成的湖，为古湖残迹。该湖为断陷淡水湖。据《续蒙自县志》卷方舆山川十五记载：鲤海，旧名矣皮草海，在县西三十里为大屯海，千顷汪洋，海岸陂陀开田，曰海底田，屯人即海心处筑台建楼阁。其中产海菜，鱼肥美。这就是大屯海。离蒙自市大约 7.2 千米。

图2-19　大屯海航拍（潘泉摄）

大屯海位于个旧大屯街道和蒙自市雨过铺街道之间，水面面积 12.4 平方千米，最大蓄水量 5 520 万立方米，平均水深 4.5 米。随着滇南中心城市建设力度的加大和建设步伐的加快，大屯海自身的潜在价值和作用正在逐渐表现出来。大屯海属岩溶湖泊地貌，形成于 1 亿多年前的喜山运动，是第三系和第四系的沉积湖泊。大屯海除灌溉耕地外，还承担着当地居民生活用水和工农业生产用水。

历史上，大屯海曾经是个旧重要的经济运输通道。大屯海与蒙自市境内的长桥海相连，滇越铁路通车后，由铁路运往个旧的物资到达蒙自碧色寨车站后，就由牛车搬运至长桥海边，装船转运大屯海抵达大屯，物资上岸后再由马帮经白沙冲古驿道驮运到个旧及老厂、松矿、卡房等矿山。直到 1921 年个旧至碧色寨段铁路建成通车后才逐渐结束。

2003 年，对大屯海进行除险加固，大屯海的总库容量提高到 5 520 万立方米，成为个旧市最大的水库。2005 年，大屯海被纳入个开蒙—滇南中心城市发展规划。每年，大屯海龙王阁都要举行 3 次庙会：春节的"观音会"、二月二"龙抬头会"、端午节的"放生会"。

七、长桥海

长桥海（见图 2-20）位于中国云南省红河哈尼族彝族自治州蒙自市，彝语名"矣坡黑"，意思为"湖底有涌泉的海"。它与大屯海相邻，正好位于北回归线上。西与大屯海毗邻，也是一个由蒙自断陷盆地内地表水向洼处汇集而成的湖，与大屯海同为古湖残迹的一部分。长桥海有沙拉河和梨江河从南侧入湖，出水口为西北端的嘉明河（永丰渠）。湖面海拔 1 284 米，面积 10 平方千米，长 6.8 千米，最大宽度 3.7 千米，平均宽度 0.8 千米，最大水深 7 米，平均水深 4 米，湖岸线长 9.5 千米，正常蓄水量 4 500 万立方米。主要接纳大洪沟、沙拉河、黎江河的河水，径流面积 167 平方千米。多余水量排往大屯海。丰水期，泄流东经草坝后转向沙甸河汇入泸江，注入南盘江。长桥海湖体呈长形，现修有东、西、南三面围堤，

图 2-20 长桥海（刘家友摄）

并引红河支流南溪河水注入，以增加湖容，提高湖水调蓄能力，已成为附近工矿业用水水源，年灌溉农田 5 万余亩。

第三节　大型水利枢纽、水库

一、西江水系

（一）大龙洞水库

大龙洞水库（见图 2-21）也叫大龙湖，位于广西壮族自治区南宁市上林县西燕镇境内，是国内唯一不需大坝、利用天然岩溶洼地堵塞落水洞贴坡防渗而形成的大型天然水库，名列十大溶岩水库之一。电站装机容量 4×500 千瓦。灌溉、发电、防洪等综合利用。坝址控制流域面积 310 平方千米，正常蓄水位 182.24 米，死水位 162.74 米，调洪库容 4 292 万立方米，校核洪水位 187.24 米，总库容 1.51 亿立方米，多年平均径流量 1.69 亿立方米。

图2-21　大龙洞水库（《广西水利水电》供）

水库建筑物有主坝、副坝、溢洪道、放水塔、引水隧洞、电站等。主坝为土石混合堵洞坝，坝顶高程 184.24 米，坝高 25.0 米，坝顶长 470.0 米，坝宽 1.0 米；溢洪道为宽顶实用堰，堰顶高 182.13 米，堰顶净宽 35.5 米，最大泄水能力 42.3 立方米每秒：灌溉发电压力隧洞断面 2.4 米 ×2.6 米，灌溉管进口底部高程 162.74 米，发电管进口底部高程 149.0 米，灌溉最大过流量 42 立方米每秒，发电单机流量 3.35 立方米每秒，坝后电站装机 4 台共 0.226 0 万千瓦，多年平均发电 694 万千瓦时。

水库于 1958 年 1 月动工兴建，同年 4 月建成。水库主坝从 1957 年起至 1980 年经过 4 次较大规模的堵塞、加高后才形成现在坝顶高程 184.24 米的规模。水库投入运行后，从 1992 年起至 2006 年先后做了四期坝首帷幕灌浆，目前水库未达设计标准。

（二）武思江水库

武思江水库（见图 2-22）是广西壮族自治区最早的四大水库之一，位于贵港市港南区木梓镇新莲村，珠江流域郁江水系武思江上，该水库以灌溉为主，结合供水、防洪、发电、养殖，属大（2）型水库，多年来发挥着重要的社会效益。水库坝址以上集雨面积 907.5 平方千米，是一座以灌溉为主，结合发电、防洪，以及城乡供水等综合利用的水利枢纽工程。水库加固设计洪水标准为：100 年一遇洪水设计，2 000 年一遇洪水校核。水库正常高水位 89.325 米，相应库容 3 400 万立方米；设计洪水位 96.4 米，相应库容 8 900 万立方米，校核洪水位 99.8 米，相应库容 12 775 万立方米；死水位 81.325 米，相应死库容 485 万立方米；水库有效库容 2 915 万立方米，属大（2）型水利枢纽工程。

图2-22　武思江水库（《人民珠江》供）

武思江水库枢纽工程主要分为库区和灌区 2 个部分。武思江水库溢洪道位于主坝左端山背的山坳处，为开敞式溢洪道，堰型为低实用堰，堰顶高程 89.325 米，堰顶宽度 90 米。采用连续式鼻坎挑流消能，挑流鼻坎高程 81.225 米，挑角 32°，水库集雨面积 907.5 平方千米。武思江水库的库区和灌区均属西江水系郁江流域，境内除一级支流武思江与黎村江贯穿全境外，还有罗卜湾河、横岭河、木来河、冲口河、鸦计河、思冲河、昼眉坑等小河流直注郁江，水资源丰富。

武思江水库建于 1957 年，由于当时国家和地方财政困难，大部分工程从各乡（镇）抽调劳动力进行建设，采取就地后靠或外迁安置方式安置移民。在这种历史背景下，武思江水库枢纽工程克服各种困难于 1958 年 5 月竣工。在 1995—1998 年对枢纽工程进行全面除险加固，隐患基本消除，校核洪水标准不低于 2 000 年一遇要求。

（三）平龙水库

平龙水库（见图 2-23、图 2-24）位于贵港市覃塘区蒙公乡平龙村，西江水系郁江支流鲤鱼江上游，平龙水库集雨面积 256 平方千米，总库容 1.24 亿立方米，有效库容 1.231 亿立方米，设计灌溉面积 21.61 万亩，有效灌溉面积 15.95 万亩，最大实灌面积 14.5 万亩，是一座以灌溉为主，结合防洪、发电、人畜饮水的大（2）型水库。

图2-23 平龙水库全景（贵港市水利局供）

水库主坝长 286.9 米，为黏土心墙坝，最大坝高 29.8 米；副坝 5 座，为均质土坝，总长 3 517 米。其中，第五副坝为自溃式非常溢洪道。永久溢洪道为开敞式真空实用堰，位于主坝左侧约 2 千米处，长 160 米，最大泄洪量 2 900 立方米每秒。建有坝后电站 1 座，装机容量 1 470 千瓦（共 3 台机组，2 台 700 千瓦，1 台 70 千瓦），年发电量约 540 万千瓦时。平龙水库灌区有蒙公、覃塘、三里、根竹、港城、石卡

图2-24　平龙水库大坝（贵港市水利局供）

及西江农场。有总干渠1条，全长6.82千米；东、中、西干渠共长81.76千米；支渠13条，共长79.6千米；斗渠42条，共长104.28千米；大小附属物333座。

水库于1957年12月动工兴建，1958年6月竣工。1971年3月至1972年5月对大坝多次进行维修、维护，保证了水库的安全运行。

（四）独木水库

独木水库（见图2-25）位于云南省曲靖市篆长河上游，属珠江流域南盘江水系，是一座以农业灌溉为主，兼顾防洪、发电及养殖的综合性大（2）型水库，水库总库容1.056亿立方米，兴利库容0.994 3亿立方米。

图2-25　独木水库（独木水库管理局供）

水库集水面积196平方千米，多年平均降水量1 290毫米，多年平均径流量1.41亿立方米。水库按1 000年一遇洪水设计，10 000年一遇洪水校核，设计洪水位2 006.07米，校核洪水位2 006.41米，正常高水位2 006.00米。

独木水库枢纽由大坝、溢洪道、3座输水涵洞和坝后电站组成。大坝为均质土坝，最大坝高36.3米，坝顶高程2 010.2米，坝顶宽8.0米；溢洪道河岸开敞式有闸控制宽顶堰，堰顶净长2 002.73米，堰顶净宽12.0米，最大泄量310立方米每秒；3座输水涵洞分别为高涵、中涵和低涵，分别承担着16万亩农田灌溉、曲靖城市供水和发电任务；坝后电站4台，总装机容量1 000千瓦。

水库始建于1958年，1978年11月扩建配套，先后完成了加高大坝2米、新建溢洪道、改造高低涵、大坝迎水坡干砌石等加固项目，1988年竣工验收投入运行。2008—2010年进行了除险加固工程。除险加固后的独木水库枢纽工程由大坝、高位输水涵洞、低位输水隧洞、卡基输水隧洞、溢洪道和坝后电站组成。

（五）客兰水库

客兰水库（见图2-26）位于广西壮族自治区扶绥县与江州区（原崇左县）的交界处。水库集水面积32平方千米，多年平均降水量1 150毫米，多年平均径流量146亿立方米。水库设计洪水标准为100年一遇，校核洪水标准为2 000年一遇，设计洪水位130.03米，校核洪水位131.39米，正常高水位126.80米，汛期限制水位126.80米，死水位122.50米，水库总库容1.553亿立方米。水库是以灌溉为主，兼顾防洪、供水、发电等综合利用效益的大（2）型水利工程，水库设计灌溉面积11万亩，现有效灌溉面积2.1万亩，担负着崇左市江州区板兰乡、扶绥县渠旧镇、东罗镇等附近乡镇3.5万人的生活用水，发电站装机容量630千瓦。

图2-26 客兰水库（崇左市水利局供）

客兰水库主要建筑物有主坝、溢洪道、输水管、坝后电站等。主坝为均质土坝，坝顶高程 138.6 米，防浪墙顶高程 139.6 米，坝高 32.7 米，坝长 146.0 米，坝宽 6.0 米；溢洪道为开敞式宽顶堰，堰顶高程 133.9 米，净宽 20.0 米，最大泄量 1 003 立方米每秒；输水洞为直径 2.0 米的压力涵，进口底高程 119.83 米，最大泄量 20 立方米每秒，坝后一台装机容量 630 千瓦。

水库始建于 1958 年 7 月，1959 年 3 月建成。1977 年经水文复核，按 PWP 保坝要求，从外坡加高大坝 72 米，坝高由原来 28.0 米加高至现在的 32.7 米，同时改无压梯级放水涵为压力隧洞，1990 年完成除险加固。多年的运行使用，使得水库堤坝陆续出现渗湖破坏和地震液压等问题。2008 年，鉴定为三类病险水库，进行再次除险加固。

（六）凤亭河水库

凤亭河水库（见图 2-27）库区在广西壮族自治区良庆区大塘镇和上思县东屏乡那琴乡境内，地处十万大山北麓，与屯六水库毗邻并同时兴建，是以灌溉为主，兼有防洪、发电功能的大（2）型水库。水库控制流域面积 176 平方千米，正常蓄水位 175 米，死水位 159.3 米，调节库容 1.1 亿立方米，校核洪水位 179.3 米，总库容 5.072 亿立方米，坝址多年平均径流量 1.37 亿立方米。凤亭河水库目前有南间、南晓、洞口、那汤 4 个小水电站，总装机容量 4 660 千瓦，多年平均发电量 2 000 万千瓦时。

图2-27 凤亭河水库（《人民珠江》供）

水库有主坝 1 座、副坝 4 座、溢洪道 1 宗、闸门 1 座、输水隧洞 1 宗。主坝是一座碾压式均质土坝，坝顶高程 180.30 米，最大坝高 53.62 米，坝顶长 192.3 米，坝顶宽 8.0 米。第一副坝最大坝高 19.7 米，坝顶宽 3 米，坝顶长 124 米，是一座没有反滤设施的均质土坝，坝址出露地层，以泥岩、泥质砂岩为主，强风化，坡积层厚度 4～8 米。输水渠道 3 条，全长 12.12 千米，分别是：①凤亭河水库—屯六水库连通渠，长 3.36 千米；②屯六水库盲流闸放水闸—南间电站渠道，长 5.46 千米；③屯六水库屯六分水闸—南晓电站渠道，长 3.3 千米。

水库于 1958 年 10 月动工，1960 年 4 月竣工。凤亭河水库新隧洞工程施工期根据实际情况分 2 个阶段：第一阶段为 1993 年 3 月至 1994 年 7 月；第二阶段为 2000 年 5 月至 2006 年 6 月。

（七）仙湖水库

仙湖水库（见图 2-28）位于武鸣区仙湖镇六冬村伏首屯附近，坐落在珠江流域二级支流右江支流武鸣上游之仙湖河中游。仙湖水库总库容 1.247 亿立方米，兴利库容 0.650 4 亿立方米，调洪库容 0.596 6 亿立方米。设计灌溉面积 1.26 万公顷，坝后电站总装机容量 1 050 千瓦，是一座以灌溉为主，兼顾防洪、发电等综合利用的大（2）型水利枢纽工程，库区集雨面积 342 平方千米，闸门底以下库容 750 万立方米，灌溉仙湖、锣圩、宁武、城厢等乡（镇）和武鸣华侨农场的田地，原计划灌溉面积 18.9 万亩，1981 年核定为 14.2 万亩。水库枢纽建筑物有大坝、输水隧洞、溢洪道、非正常溢洪道及坝下电站等。

图2-28 仙湖水库（武鸣区水利局供）

主坝顶高程 170.0 米，最大坝高 47 米，坝顶长度 296 米，坝顶宽度 5 米，齿槽式坝基防渗，正常溢洪道为开敞式宽顶堰，堰顶高程 162 米，堰顶净宽 70 米，最大泄洪量 2 895 立方米每秒，面流水跃消能式；非正常溢洪道为明渠式，堰顶高程 163 米，宽度 80 米，最大泄洪量 3 000 立方米每秒；输水洞为钢筋混凝土压力隧洞，最大泄洪量 37 立方米每秒。

水库工程于 1958 年 8 月动工兴建，1960 年 6 月建成。1958 年 4 月，由广西僮族自治区水电厅派员勘测设计，并负责施工技术指导。同年 8 月中旬，由县统一抽调锣圩、宁武、灵马、府城、城厢等区的民工上工地破土兴建，1960 年 6 月坝首竣工蓄水运行。2006 年对该水库枢纽工程进行除险加固。

（八）大王滩水库

大王滩水库（见图2-29）又名凤凰湖，位于珠江水系郁江支流八尺江中游，库区横跨广西壮族自治区南宁市良庆区、江南区，坝址地处那马镇。大王滩水库以防洪、灌溉为主，兼有发电、养殖、供水和旅游等综合功能。坝址控制流域面积907.5平方千米，水库正常蓄水位104.4米，死水位100米，调洪库容3.78亿立方米，校核洪水位110.9米，总库容6.38亿立方米，坝址多年平均径流量5.42亿立方米。

图2-29　大王滩水库（广西南宁院（指广西南宁水利电力设计院，下同）供）

水库枢纽工程有主坝1座，坝顶高程113.2米，坝长670米；副坝10座，坝顶高程均为112.5米，副坝总长1 151米；开敞式溢洪道1座，堰顶高程104.40米，溢流宽度96.2米；3座放水塔及输水洞，输水洞总长493米。

工程始建于1958年，1960年8月建成，分别于1983年、1999年委托南宁水利电力设计院进行了一期、二期加固设计。一期加固工程于1984年施工，1998年完成；二期加固工程于2000年起开始实施，2004年5月25日已完工程投入使用验收，2005年10月25日进行了除险加固工程竣工验收。1996年南京市政府将它列为南宁市备用水源地；2002年广西壮族自治区人民政府将大王滩水库列为饮用水源保护区，水质按地表Ⅱ类水质保护；2008年《广西北部湾经济区发展规划》明确要开展大王滩水库水源保护工程建设。

（九）屯六水库

屯六水库（见图2-30）位于广西壮族自治区南宁市良庆区南晓镇，毗邻凤亭河水库。屯六水库以灌溉为主，兼有发电、防洪、养殖等功能。坝址控制流域面积98.5平方千米，正常蓄水位146.50米，死水位141.00米，调洪库容4 700万立方米，校核洪水位149.73米，总库容2.26亿立方米，多年平均径流量7 150万立方米。

水库枢纽工程现状由1座主坝、15座副坝、溢洪道、输水隧洞、盲流放水闸、主要连通渠和电站等主要建筑物组成。盲流放水闸位于盲流村，为钦北灌区的取水口，盲流放水闸设 2 孔，为潜孔式水闸，闸室进口底板高程 141 米，左闸孔进口尺寸 2.2 米 ×1.8 米，右闸孔进口尺寸 1.6 米 ×1.8 米，闸室两岸为重力式浆砌石接头坝，坝顶高程 150.48 米（从水面引测），长 26.7 米，坝顶宽 2 米，最大坝高约为 10.50 米，盲流闸闸室上部为浆砌石结构，整体保存较好，进水口闸孔底板高程为 141.12 米。分 2 孔引水分水后设东、西干渠。盲流闸最大放水流量为 6.0 立方米每秒。

图2-30 屯六水库（屯六水库管理所供）

工程于 1958 年 10 月动工兴建，1960 年 8 月建成投入运行。2021 年 7 月屯六水库除险加固工程获批。

（十）六陈水库

六陈水库（见图 2-31）位于广西壮族自治区贵港市平南县六陈镇浔江支流白沙江的中游。六陈水库设计灌溉面积 30.56 万亩，实际灌溉面积 25.8 万亩，是一座以灌溉为主，结合防洪、发电的大型水库工程。六陈水库大坝设计洪水标准为 100 年一遇，校核洪水标准 2 000 年一遇，设计洪水位 93.50 米，校核洪水位 95.90 米，正常高水位 88.80 米，汛期限制水位 88.80 米，死水位 72.00 米，水库总库容 3.327 亿立方米。

六陈水库工程建筑物有主坝、副坝、溢洪道、非常溢洪道、发电洞、灌溉洞、电站等。主坝为均质土坝，坝顶高程 97.26 米，坝高 40.5 米，坝顶长 345.0 米，坝顶宽 6.0 米；副坝 13 座，均为均质土坝，最大坝高 34.72 米，坝顶总长 983.0 米；溢洪道为开敞式宽顶堰，堰顶高程 88.8 米，堰顶净宽 43.0 米，最大泄量 1 253 立方米每秒；非常溢洪道计划超标准洪水破第 12 号副坝，该副坝坝顶高程 97.26 米，坝长 85.0

图2-31　六陈水库（陈乔湘摄）

米；发电洞直径3.5米，进口底高程68.0米，设平板钢闸门，最大泄量25立方米每秒；灌溉洞直径1.8米，进口底高程71.8米，设平板钢闸门，最大泄量25.6立方米每秒；电站设计装机4台共0.544万千瓦，设计多年平均发电量140万千瓦时，实际装机3台0.48万千瓦，多年平均发电量724万千瓦时。

水库于1959年12月动工兴建，1961年3月竣工建成。1961年12月，根据全国南方防汛会议规定的防洪安全标准，补充2000年一遇洪水作为紧急保坝措施标准，1965年对副坝进行改建加固。1971年10月，新建溢洪道，并将原溢洪道封堵改建成七副坝。1972年5月进行电站扩建。1996—2002年，对水库实施了部分加固项目，2009年10月水库大坝安全鉴定为三类坝，于2012年2月开工进行除险加固。2021年5月，六陈水库电站增效扩容改造工程进行了竣工验收。

（十一）青狮潭水库

青狮潭水库（见图2-32）位于广西壮族自治区灵川县青狮潭镇，是一个以灌溉为主，结合供水、发电、防洪、航运、养鱼、旅游等综合利用的大型水库。水库正常蓄水位225米，死水位197.15米，为多年调节水库。枢纽按千年一遇洪水设计，万年一遇洪水校核。加固设计采用可能最大洪水校核。青狮潭水库总库容6亿立方米，有效库容4.05亿立方米。电站总装机容量1.28万千瓦，保证出力4130千瓦，年利用小时数4180小时，年平均发电量5350万千瓦时。

图2-32　青狮潭水库（《人民珠江》供）

青狮潭水库主要建筑物有大坝、溢洪道、灌溉发电隧洞、水电站厂房、东西干渠等。大坝设计为碾压黏土心墙坝，实际施工为均质土坝。坝顶高程232.4米，最大坝高62米，坝顶宽7米，坝顶长232米。溢洪道为河岸式，位于右岸土坝与引水隧洞间。由进口段、陡坡段和挑流鼻坎 3 部分组成。进口段宽 46 米，长 18.4 米；溢流堰顶高程为 219 米，上设 4 扇 10 米×7.2 米的弧形钢闸门，工作桥与交通桥各 1 座。工作桥上装设 4 台 2×12.5 吨电动固定启闭机以启闭弧形闸门。

工程于 1958 年 9 月 20 日破土动工，1961 年基本完成大坝、溢洪道、灌溉发电引水隧洞等主体建筑物。1961—1964 年，东西干渠相继建成通水。从此，灵川、临桂二县及桂林市郊区数十万亩干旱土地得到自流灌溉，变成旱涝保收的肥沃良田。1966 年 7 月开始水电站地下厂房的施工，截至 1972 年 6 月 27 日 4 台机组先后安装、调试并网发电。

（十二）澄碧河水库

澄碧河水库（见图 2-33）位于广西壮族自治区百色市右江支流上，百色镇东北。澄碧河水库以发电为主，兼顾供水、防洪。坝高 70.4 米，最大泄洪流量 3 600 立方米每秒。坝顶高程 190.4 米，设计洪水标准 1 000 年一遇，校核洪水标准 10 000 年一遇，校核洪水位 189.35 米，设计洪水位 188.78 米，正常蓄水位 185 米，死水位 167 米。总库容 11.21 亿立方米，调洪库容 1.81 亿立方米，兴利库容 6 亿立方米，死库容 3.4 亿立方米，正常蓄水位相应水面面积 38.82 平方千米。

图2-33　澄碧河水库全景（《人民珠江》供）

水库大坝（见图 2-34）坝顶高程 190.40 米，最大坝高 70.40 米，坝顶宽 6 米，坝顶长 425 米。坝顶设防浪墙，墙顶高程 191.80 米。电站为坝后式，安装 4 台单机 7 500 千瓦的水轮发电机组，电站总装机容量为 3 万千瓦，多年平均发电量为 1.237 亿千瓦时。溢洪道位于大坝北面约 7 千米的山坳上，堰顶高程 176.00 米，溢流段设 4 孔，弧形钢闸门的尺寸为 12 米×9.2 米。澄碧河水库多年平均流量 37.8 立方米每秒，

图2-34 澄碧河水库大坝（《人民珠江》供）

调节引水流量62.4立方米每秒，最高水头达49.5米。坝首电站装机容量2.6万千瓦，保证出力1.03万千瓦，年发电量1.09亿千瓦时。用电提水灌溉农田达10万亩。

澄碧河水库于1958年9月开工，1961年10月基本建成大坝和溢洪道等主体工程，1966年3月建成；水电站1964年11月开工，

1966年3月首台机组发电。该工程由于大坝土质差，渗漏严重，于1972年6月采取冲击钻筑造混凝土防渗墙方法处理，1974年4月完工，效果显著。

（十三）西津水利枢纽

西津水利枢纽（见图2-35）位于广西壮族自治区横州市的郁江，是当时全国最大的低水头河床式径流电站，属于闸孔式混凝土重力坝，坝址流域控制面积77 300平方千米。是一座以发电、通航为主兼有灌溉要求的大型水利枢纽工程。西津水库是枯水期的季调节水库，无防洪能力，库容系数为1.29%。设计正常蓄水位63.59米，目前控制在62.09米运行，相应的调节库容为4.4亿立方米。100年一遇设计洪水时，坝上游水位65.79米，坝下游水位62.19米，相应库容19.13亿立方米，相应

图2-35 西津水利枢纽（《人民珠江》供）

下泄流量23 100立方米每秒。1 000年一遇校核洪水时，坝上游水位69.29米，坝下游水位65.59米，相应库容30亿立方米，下泄流量30 700立方米每秒。电站最大水头21.7米。安装2台57.2兆瓦、2台60兆瓦的机组，总装机容量为234.4兆瓦。

西津水利枢纽主坝坝

型为混凝土宽缝重力坝，最大坝高 41 米，坝顶长 833.47 米，坝基岩石为花岗岩，坝体工程量 31.6 万立方米，主要泄洪方式为坝顶溢流。电站修建的是坝式厂房。通航建筑为船闸，共有两级，即 3 个闸首和 2 个闸室，工作门为"人"字门。

枢纽于 1958 年 10 月动工兴建，1964 年投入发电。1966 年 7 月、1975 年 12 月、1979 年 7 月，2 号、3 号、4 号机组相继投产，总投资 18 294 万元，装机 4 台。西津水库是广西壮族自治区最早建成投产运行的大型水电枢纽工程，根据水库库区管理运行的规定，需定期对库区河床断面地形进行观测以了解库区河床的变化情况，自建库以来，较为完整的观测资料有：1975 年 80 个主河道横断面地形测量资料、2003 年 80 个主河道横断面及 123 个支流横断地形测量资料。

（十四）达开水库

达开水库（见图 2-36）位于广西壮族自治区贵港市龙山盆地的奇石乡境内，水库以灌溉为主，蓄水量达 4 亿立方米，兼顾防洪和发电，南北长 30 千米，东西最宽处 3 千米，总面积 80 平方千米，蓄水量 4 亿立方米，是广西壮族自治区第二大水库，灌溉面积 48.67 万亩，使桂平的石龙、蒙圩、白沙、厚禄和港北的庆丰、大圩、港城、武乐等 11 个乡（镇）改变了过去农田用水困难的局面，使浔郁平原变成广西

图2-36 达开水库（《人民珠江》供）

壮族自治区的粮仓。设计洪水标准 50 年一遇，校核洪水标准 500 年一遇，校核洪水位 159.55 米，设计洪水位 154.1 米，死水位 125 米。总库容 34 000 万立方米，兴利库容 470 万立方米，死库容 6 350 万立方米，正常蓄水面积 4.58 平方千米。

达开水库枢纽工程由 1 座主坝、9 座副坝、1 座排洪闸构成，水库通过 4 千米长的马蹄形输水隧洞向灌区供水灌溉。主坝、副坝设计洪水标准为 500 年一遇，校核洪水标准为 2 000 年一遇。主坝顶高程 103.0 米，最大坝高 51.5 米，坝顶长 330 米，坝顶宽 5.5 米，副坝总长度 681 米，最大坝高 38.1 米，坝顶宽 5 米。

工程兴建于 1958 年，1965 年 9 月建成蓄水。1971 年 5 月暴雨导致溢洪道闸门事故，1972 年修复，同年对第八副坝做了坝外坡加固。2007 年 11 月水利部大坝安全管理中心对该水库大坝进行了安全鉴定，确定为三类坝。

（十五）龟石水库

龟石水库（见图2-37）位于广西壮族自治区钟山县，因水库建在龟石村附近，故名龟石水库。水库集雨面积1 254平方千米，总库容5.95亿立方米，其中调洪库容1.55亿立方米，有效库容3.48亿立方米，死库容0.92亿立方米，属大（2）型水库，水库正常蓄水位182米，死水位171米，是贺州市市区的饮用水源地之一。正常水面面积50平方千米，汇水面积1 254平方千米，库容量5.9亿立方米，水深39米。该水库主要水利工程分东干渠和西干渠，东干渠全长60多千米，西干渠全长49.5千米。龟石水库是发电、灌溉、防洪、养殖、旅游综合效益显著的水利工程，为贺州市的经济发展发挥了重大作用。

图2-37　龟石水库（《人民珠江》供）

龟石水库大坝按三级建筑物设计，最大坝高42.7米，坝顶高程185.7米，总长310米。其中，中部溢流段长73米，非溢流段长237米。最大底宽36.2米，坝顶左岸宽5米、右岸宽7米。溢洪道采用鼻坎挑流消能方式，共6孔，净宽60米，堰顶装有6台10米×6米的弧形闸门及6台2×25吨卷扬机，最大泄洪流量3 450立方米每秒。厂房段高程40.36米，两岸非厂房段高程196.64米。厂房为坝后式，与坝轴线平行，副厂房在主机间上游侧。装有4台水轮发电机组，单机容量3 000千瓦，总装机容量12 000千瓦。

水库于 1958 年 6 月始建，1966 年 5 月竣工。电站 1964 年 3 月开始发电。1976 年梧州地区成立了电业公司，形成了地区电网，龟石水库也并入地区电网，由地区电业公司负责调度。1981 年，电厂与水管处合并，定名为梧州地区龟石水库工程管理处至今。由于水库建设正值"大跃进"时期，对移民搬迁未能妥善安置，山场、土地、水利、交通、住房、子女教育等问题没有得到很好的解决，移民的生产和生活仍比较困难，有的已搬出的移民又倒流回库区。水利部和自治区水利电力厅对这一问题很重视，1981 年 7 月成立了搬迁移民安置办公室，在县水利电力局办公。东、西干渠由原龟石水库工程管理处统一管理。1979 年，体制下放，西干渠及东干渠钟山境内的 5 条支渠由钟山县水利电力局管理，贺县境内的 2 条支渠则由贺县水利电力局管理，东干渠仍由龟石水管处管理。

（十六）洛东水库

洛东水库（见图 2-38）位于广西壮族自治区柳江支流龙江中游柳城、宜州两县（市）交界的龙江洛东峡谷河段，为日调节水库。洛东水库集水面积 15 585 平方千米，多年平均降水量 1 373 毫米，多年平均径流量 118 亿立方米，属多年调节水库。复核后设计洪水位 123.83 米（2%），相应洪峰流量 11 400 立方米每秒，校核洪水位 128.48 米（0.2%），相应洪峰流量 15 300 立方米每秒，死水位 112.00 米。总库容 1.83 亿立方米，兴利库容 0.13 亿立方米，死库容 0.49 亿立方米。

图2-38 洛东水库（珠江委档案馆供）

枢纽建筑物布置在主河和汊河上。主河有拦河坝；汊河有河床式厂房和拦河坝，开关站在厂房顶；基岩均为白云岩及白云质灰岩。主河拦河坝由溢流坝、右岸挡水重力坝、左岸闸门检修室和左岸挡水重力坝组成。坝顶高程 130.00 米，全长 176.15 米，最大坝高 47 米。溢流坝分设 9 孔，其中 1 孔堰顶高程 117.5 米，略高于正常蓄水位 117.0 米。2 孔、9 孔堰顶高程 109.00 米，堰上有 12 米 × 8.5 米的平板工作闸门，该 2 孔闸门利用 2×630 千牛的固定式启闭机启闭。3 ～ 8 孔堰顶高程 104.00 米，堰上有 12 米 × 13.5 米的双扉平板工作闸门，利用 2×800 千牛的固定式启闭机启闭。

工程于 1970 年 1 月动工，1971 年 12 月竣工。1993—1994 年，进行增容改造，装机容量由 40 兆瓦增为 50 兆瓦。2001 年 10 月至 2003 年 2 月完成大坝加高完善工程。2002 年 10 月至 2003 年 8 月完成厂房加固完善化工程。2004 年在汊河坝右下游岸边扩建一台 20 兆瓦机组，利用原厂房右侧的第二孔溢流堰为进水口，建修短渠道引水入厂房。扩建机组 2006 年发电，洛东水电站总装机容量增至 70 兆瓦。2007 年开始逐年更换 6 孔双扉门的下段尾水闸门。

（十七）麻石水库

麻石水库（见图 2-39）位于广西壮族自治区融水苗族自治县大浪乡麻石村，柳江支流融江中游的融水苗族自治县、融安县、三江侗族自治县 3 县交界处。水电厂为低水河床式径流电站，库区正常高水位 134 米，相应库容 1.61 亿立方米，设计水头 18 米。装机 3 台，总容量为 10 万千瓦，单机运行时保证出力 1.79 万千瓦。

电厂主体建筑有河床式厂房、溢流坝、两岸接头混凝土重力坝，船闸、左岸土坝、开关站等，大坝全长 422.2 米。主厂房长 55 米，宽 15.2 米，溢流坝共 13 跨，每孔宽 14 米，总长 218 米，重力坝长 56 米，最大高度 30.6 米。船闸按通航 60 吨驳船能力设计，闸室宽 8 米，长 218 米，有效长度 40.5 米。右岸接兴重力坝为土坝，总长 82.3 米，电厂开关站为户外式，分为 110 千伏与 35 千伏两组，布置在厂房下游左岸。110 千伏出线 2 条，送桂林、柳州。

麻石水库于 1970 年 6 月开始动工建设，1971 年 9 月截流，1972 年底第 1 台机组试运行发电，1973

图2-39　麻石水库（珠江委档案馆供）

年 5 月正式投产。2 号机组和 3 号机组分别于 1976 年 4 月和 9 月投产，建成时装机容量为 1.0×10^5 千瓦。工程在"文化大革命"时期进行，边勘测、边设计、边施工，设计和施工均存在不少问题。1983 年 3 月至 1987 年 7 月，由广西水电工程局承建完善化工程。后于 2006 年和 2011 年对 3 台机组进行技术改造后，装机容量为 1.08×10^5 千瓦，最大发电引用流量 708.9 立方米每秒，多年平均发电量 4.53 亿千瓦时，装机年利用小时数 4 143 小时。

（十八）拉浪水库

拉浪水库（见图 2-40）位于广西壮族自治区河池市金城江区和宜州市之间，是龙江中游的一座大（2）型水库。水库控制流域面积 16 400 平方千米，多年平均流量 242 立方米每秒，设计引水流量 213.3 立方米每秒，水库正常蓄水位 177 米，库容 1.02 亿立方米，最大坝高 38 米，最大水头 34 米，装机容量 51 兆瓦，年发电量 2.41 亿千瓦时。水库面积

图2-40 拉浪水库（珠江委档案馆供）

8.05 平方千米。坝址控制流域面积 399 平方千米，坝址多年平均径流量 10 500 万立方千米。水库具有日调节功能，以发电为主。

水库大坝为混凝土闸孔式重力坝，坝高 40.9 米，总长 333 米。主要建筑物由拦河大坝、坝后短管引水式厂房、开关站和灌溉渠道等部分组成，大坝总长 345 米，坝顶高程 179 米。9 孔 10 米 × 12 米的溢流坝，长 122 米，置于河床中央，溢流堰顶高程 165 米，堰顶上装有 1 扇弧形钢闸门和 2 扇预应力钢筋混凝土闸门，考虑水库渗漏时能放空检修，深河槽溢流坝内有 2.5 米 × 3.6 米的放空管 2 个，左岸重力坝长 106.5 米，右岸重力坝长 126.5 米，坝体为重力式框格空腔填渣坝，最大坝高 38.8 米，坝顶除公路桥通过外，还布置有电站进水口、溢流坝、放空管和灌溉管等闸门的启闭设备，厂房布置在左岸坝后，内装 3 台装机容量 1.7 万千瓦的机组。

工程于 1966 年动工，1971 年蓄水发电，1974 年竣工。1971 年 4 月第 1 台机组发电，1972 年 3 月及 1974 年 4 月第 2 台、第 3 台机组先后投产。水库建成后，电站一直在正常高水位下运行。拉浪水库 1968 年、1970 年、1983 年连续遭遇了 6 800 立方米每秒、

7 460 立方米每秒、6 490 立方米每秒 3 次大洪水。1966 年、1967 年、1976 年也先后遭遇了 4 860 立方米每秒、5 030 立方米每秒和 4 890 立方米每秒的洪水，都已超过原洪水系列中的第 2 洪峰流量 4 740 立方米每秒。

（十九）那板水库

那板水库（见图 2-41）是广西壮族自治区三大水库之一，位于防城港市上思县。

水库是一座集防洪、灌溉、水力发电、城镇供水等功能于一体的大型水库，水库正常水面约 4.35 万亩，总库容 8.32 亿立方米，属大（2）型水库。采用设计洪水标准为 500 年一遇洪水设计，5 000 年一

图2-41　那板水库（珠江委档案馆供）

遇洪水校核；消能防冲按 50 年一遇洪水设计。相应的正常蓄水位 220.57 米，设计洪水位 227.98 米，校核洪水位 229.68 米，死水位 209.57 米。水库工程等别为 II 等，主要建筑物的级别为 2 级。

那板水库枢纽工程包括大坝、溢洪道、1 号灌溉发电输水设施、2 号发电放空输水设施、电站等。枢纽工程主要由主坝、副坝、溢洪道、坝后发电站组成，其中溢洪道属左岸，引水式发电站在右岸。大坝为碾压黏土心墙坝，坝顶高程 232.60 米，坝长 313.00 米，坝高 59.00 米，顶宽 8.00 米，底宽 347.00 米。左岸溢洪道为开敞式溢洪道，堰顶高程 220.57 米，堰高 2.57 米，堰顶宽 47.20 米。电站装机 4 台，1 号机组装机容量 3 000 千瓦，2 号、3 号、4 号机组单机容量 3 200 千瓦，总装机容量 12.60 兆瓦。

工程于 1959 年 10 月动工兴建，至 1960 年 9 月建成蓄水，1971—1976 年陆续建成输水、发电。1983—1986 年按照可能最大洪水校核方案对大坝进行了培厚加高，加高后高程为 59 米，坝长 313 米。1998 年进行了除险加固建设；2001 年，县政府设立那板生态公益林区。

（二十）合面狮水库

合面狮水库（见图 2-42）位于贺江中游的广西壮族自治区贺州市信都镇水口村，坝址控制流域面积 6 260 平方千米，正常蓄水位 88.0 米，死水位 80.0 米，调洪库容 9 400 万立方米，校核洪水位 91.2 米，水库总库容 2.96 亿立方米。多年平均径流量 67.5 亿立方米。以发电为主，结合灌溉、航运等综合利用。

电站属坝后式电站，主要建筑物有宽缝重力坝或拦河大坝、坝后式厂房、升压站、船筏道及灌溉渠道。拦河大坝最大坝高 54.5 米，坝顶长 198 米，溢流段净宽 81 米，6 个溢流孔，每个孔宽 13.5 米。大坝右侧坝段为重力坝段，电站厂房位于该坝段下游侧；大坝左侧坝段为溢流坝段，长 98 米，堰顶高程 78 米，WES 堰面，设 6 扇 13.5 米 × 10.0

图2-42 合面狮水库（珠江委档案馆供）

米（宽 × 高）的弧形钢闸门，中间闸墩厚 2.5 米，边墩厚 2.25 米。斜面升船机位于左侧岸边上，过坝能力 50 吨每次。水库控制集雨面积 6 260 平方千米，正常蓄水位 88.0 米，水库总库容 2.96 亿立方米，设计灌溉面积 0.69 万公顷。坝后式厂房位于右岸，电站装机 4 台，总装机容量 80 兆瓦。

工程于 1970 年动工，1974 年 9 月第一台机组投入运行，1979 年 10 月全部建成。电站运行以来在 1994 年、2002 年遭遇 2 次较大洪水，闸门下泄最大洪水流量分别为 5 700 立方米每秒、6 200 立方米每秒，尤其是 2002 年的大洪水已接近 100 年一遇的标准。

（二十一）鸠鹆水库

鸠鹆水库（见图 2-43）位于广西壮族自治区崇左市宁明县海渊镇那禄村明江河，控制集雨面积 3 200 平方千米，是一座河床式水库，总库容 3 350 万立方米，其中有效库容 2 950 万立方米，死库容 400 万立方米。鸠鹆电站装机容量 5 800 千瓦，即 4×1 250 千瓦 +1×800 千瓦，年设计发电利用小时数 4 430 小时，集雨

图2-43 鸠鹆水库（广西南宁院供）

面积3 200平方千米，实测最大流量4 080立方米每秒，正常高水位122.5米，发电最大水头8.5米，最小水头4.5米，设计引水流量20立方米每秒，拦河坝形式为活动闸坝。

鸠鸪水库主要建筑物有拦河坝、发电厂房、升压站等。拦河坝为混凝土结构闸坝，位于河道中间闸坝段长80米。厂房位于河道左侧，紧接着闸坝布置。河道两岸均设有接头坝，两岸接头坝总长80米。升压站布置在电站左岸山坡阶地上。宁明鸠鸪水电站厂房布置在左岸，主要由挡水闸坝、发电引水系统、发电厂房、升压站等建筑物组成。拦河坝为混凝土结构闸坝，闸门为平板钢闸门，坝轴线总长231米，其中闸坝段长80米，重力坝段长80米，厂房段长133米。闸坝段共设8孔闸门，溢流堰顶高程122.50米。鸠鸪水库大坝溢流坝位于河床右岸，溢流坝泄流宽度94米，闸门控制，较大洪水时提闸泄洪。

水库于1979年11月动工建设，1983年10月竣工投入运行生产。设施的老化存在隐患较多，而且许多设施损坏后没能及时得到修复，严重威胁着水库的安全运行。2014年电站进行增效扩容改造，主要是对机电设备、金属结构进行更新改造。

（二十二）大化水库

大化水库（见图2-44）位于珠江水系西江干流红水河中游的广西壮族自治区大化县，是红水河水电基地10级开发的第六个梯级，上游是岩滩水库，下临百龙滩水库。坝址控制流域面积112 200平方千米，正常蓄水位155米，死水位153米，校核洪水位169.63米，总库容8.74亿立方米。坝址多年平均径流量627.57亿立方米，多年平均流量1 990立方米每秒。电站装机容量45.6万千瓦，保证出力10.68万千瓦，多年平均发电量21.06亿千瓦时，以发电为主，兼有航运、灌溉等效益。

图2-44 大化水库（《人民珠江》供）

枢纽建筑物由混凝土重力坝和左右岸土坝、混凝土溢流坝、河床式厂房、升船机等组成。坝线全长 1 166 米，坝顶高程 174.5 米，最大坝高 78.5 米。发电厂房位于溢流坝右侧，在右岸滩地上，为全封闭式，副厂房布置在主厂房上，全长 175 米，分 5 个坝段，安装 4 台单机容量 114 兆瓦的轴流转桨式水轮发电机组。溢流坝全长 228.4 米，共分 12 个坝段，其中 4 号、5 号、6 号坝段为混凝土空腹重力坝，其余为混凝土实体重力坝，最大坝高 74.5 米。左岸重力坝共 10 个坝段，全长 114.55 米；右岸重力坝共 6 个坝段，全长 114.0 米；右岸接头土坝为均质土坝，全长 293.00 米；船闸位于右岸台地，通航吨位为 250 吨。航道全长 1 266.88 米。采用卷扬升降平衡重式垂直升船机，标准船尺寸为 37 米 ×9.33 米 ×1.27 米（长 × 宽 × 吃水深），最大升程 36.6 米。设计年货运量 390 万吨，最大通航船只为 250 吨。

水库工程勘测设计工作始于 1973 年，1975 年 6 月通过初设审查，同年 10 月动工兴建，1983 年 12 月 1 号机组发电，1985 年 6 月工程竣工。电站一期装机容量 400 兆瓦，装置 4 台轴流转桨机组，于 1975 年 10 月动工兴建。1985 年 6 月全部竣工投产。1998 年广西桂冠电力股份有限公司对一期工程 4 台水轮机进行扩容改造，2002 年 5 月 4 台机组全部改造完成，装机容量扩至 456 兆瓦。扩建工程装机容量 110 兆瓦，于 2007 年 7 月动工建设，2009 年 6 月底实现投产发电，至此，总装机容量达到 566 兆瓦。

（二十三）峻山水库

峻山水库（见图 2-45）位于广西壮族自治区桂林市恭城瑶族自治县西岭乡糖河村峻山脚下，属澄江中游。以灌溉为主，兼顾发电、防洪、水产养殖等综合利用。坝址控制流域面积 320 平方千米，水库正常蓄水位 246.00 米，死水位 199.00 米，调洪库容 1 710.5 万立方米，校核洪水位 251.02 米，总库容 1.04 亿立方米，多年平均径流量 3.651 亿立方米。

主坝位于澄江河峻山峡谷出口处，坝体为浆砌石重力坝，坝高 69 米，坝顶全长 220 米，其中溢流坝段长 80 米，堰顶高程 242 米；左右岸非溢流坝段长均为 70 米，坝顶高程 250 米，坝顶宽 5.0 米；坝顶设防浪墙，墙顶

图2-45 峻山水库（陆永盛摄）

高程 251.2 米。溢流坝段堰顶设有钢筋混凝土水力自控翻板闸 10 扇,每扇宽 8 米、高 4 米。

工程于 1972 年 9 月开工,1990 年 5 月竣工,持续 18 年,共完成土石方 310.75 万立方米,浆砌石 57.95 万立方米,混凝土 50.91 万立方米。完成的附属工程有:渡槽 10 座,总长 2 542 米;隧洞 11 座,总长 3 061 米;暗涵 5 座,总长 460 米;防渗衬砌 35.5 米。

1958 年 8 月,县委曾动员上万民工兴建峻山水库浆砌石溢流坝,11 月因劳动力调去"大办钢铁"而停建。1959 年 8 月重新施工,并将原设计改为土坝,采取边施工、边设计、边上报的做法,施工进度未能达到预定计划要求。1960 年春雨来临,3 月 14 日大坝崩垮。1972 年秋,自治区批准重建峻山大坝。接受历史教训,大坝定为浆砌石溢流重力坝。1972 年 9 月,成立恭城县峻山水库工程指挥部,地区水电局和县水电局均派技术人员驻工地进行技术指导,初期抽调全县 8 个公社 4 500 名民工施工,1974 年秋,完成水下工程。1975 年,桂林万名青年来到恭城峻山水库西干左支渠,修建"青年渡槽"。1972—1978 年,采用大突击与常年施工相结合的方法施工,1979—1985 年则是固定专业施工队伍施工,1986—1990 年由桂林地区水电施工队承包施工,完成枢纽工程建筑。

(二十四)鲁布革水库

鲁布革水库(见图 2-46)位于云南省罗平县和贵州省兴义市交界处、云贵两省交界的深山峡谷之中,是中国第一个面向国际公开招标投标工程,被誉为中国水电基础建设对外开放的"窗口"。水库最大库容 1.11 亿立方米。

鲁布革水库坝址以上流域面积 7 300 平方千米。多年平均流量 164 立方米每秒,多年平均年径流量 51.7 亿立方米。水库正常蓄水位 1 130 米,相应库容 1.11 亿立方米,死水位 1 105 米,调节库容 0.74 亿立方米,具有周调节性能。电站设计水头 327.7 米,最大水头 372.5 米,最小水头 295 米。

鲁布革水库主要建筑包括高土石坝、溢洪道、左右岸泄洪洞、电

图2-46 鲁布革水库(云南省水文水资源局供)

站引水隧道、排沙闸电站厂房等。主坝为风化料心墙堆石坝，最大坝高103.8米，坝顶高程1 138.0米，坝顶长217.17米，坝顶宽10.0米；溢洪道为岸边开敞式，堰顶高程1 112.6米，堰顶净宽28.0米（2孔）；弧形支臂闸门，溢洪道最大泄量4 719立方米每秒；左岸泄洪洞为内径11.5米的压力隧洞，进口洞底高程1 080.0米，弧形直支臂闸门控制，最大泄量1 906立方米每秒；右岸泄洪洞为内径10.0米的压力隧洞，进口洞底高程1 060.0米，弧形直支臂闸门控制，最大泄量1 586立方米每秒；电站引水洞为内径8.0米的引水隧洞，进口洞底高程1 091.5米，最大引水流量214立方米每秒；排沙洞为内径5.0米的压力隧洞，进口洞底高程1 070.0米，弧形直支臂闸门控制，最大泄量327立方米每秒；电站最大设计静水头372.0米，最小设计静水头347.0米，引用最大流量214立方米每秒，装机容量60万千瓦，多年平均发电量28.49亿千瓦时。

鲁布革水库1973年开始规划设计工作，1976年开始施工进点，1982年11月首部枢纽导流洞开工，1985年11月15日大坝施工截流，1988年11月21日水库下闸蓄水，1988年12月27日第1台机组并网发电，至1991年6月14日，4台机组全部投产。1992年12月水库通过国家竣工验收。

（二十五）桂平航运枢纽

广西桂平航运枢纽（见图2-47）是西江航运建设第一期工程（广西段）的主干项目，是国家"七五"期间内河渠化建设重点工程。位于珠江水系西江干流的郁江河段，黔、郁两江汇合口上游。枢纽坝顶高程47.8米，设计洪水标准100年一

图2-47 桂平航运枢纽（《广西水利水电》供）

遇，校核洪水标准500年一遇，校核洪水位45.04米，设计洪水位43.49米，正常蓄水位31.5米，死水位28.6米。总库容3.19亿立方米，调洪库容1.02亿立方米，兴利库容1.02亿立方米，死库容2.17亿立方米，正常蓄水位相应水面面积35.23平方千米。

枢纽是一座以发电为主，兼顾防洪、航运的大（2）型水利工程。整个枢纽工程包括船闸工程、拦河坝工程、电站工程、公路交通桥。该工程新建的二线船闸是世

界最大的单线船闸。坝高 117.65 米，最大泄洪流量 32 700 立方米每秒。桂平航运枢纽水闸设计重现期为 100 年一遇，设计时采用大湟江口站重现期为 100 年一遇的洪峰流量与 20% 该洪峰值作为溢洪坝坝址设计洪水组合，并经过调洪计算得到溢洪坝水闸设计洪水位为 43.48 米，属于闸孔式混凝土重力坝，坝高 37.80 米。

1981 年 6 月国务院批准立项，将西江南宁至广州航道由只能通行 120 吨级船舶的六级航道建成常年可通航千吨级船队的三级航道。1986 年，西江航运建设一期工程动工，工程总投资 4.26 亿元，建设内容包括桂平航运枢纽、贵港猫儿山中转港、整治桂平以下航道三大部分。1989 年 2 月 3 日，桂平枢纽船闸试航成功，1992 年 4 月水电厂第一台机组发电，第二、三台机组分别于 1992 年 11 月和 1993 年 2 月并网发电，1993 年 10 月通过国家竣工验收。

（二十六）岩滩水库

岩滩水库（见图 2-48）位于红水河中游广西壮族自治区大化瑶族自治县境内，是红水河梯级开发的第五级水库，是广西壮族自治区第一座超百万千瓦的大型水电站，上接红水河开发的控制性工程——龙滩水电站，下临大化水电站。坝址控制流域面积 106 580 平方千米，正常蓄水位 223.0 米，死水位 212.0 米，调洪库容 10.56 亿立方米，校核洪水位 229.2 米，水库总库容 34.3 亿立方米，多年平均径流量 558.187 2 亿立方米。电站一期工程装机容量 1 210 兆瓦，保证出力 245 兆瓦，多年平均年发电量 56.6 亿千瓦时，用 500 千瓦电压供电给广西壮族自治区、广东省、香港特别行政区。二期安装 2 台 30 万千瓦混流式水轮发电机组，总装机容量 181 万千瓦，多年平均年发电量 75.47 亿千瓦时。

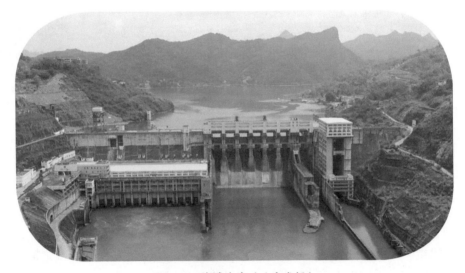

图2-48 岩滩水库（陆永盛摄）

枢纽主要建筑物由拦河坝、坝后发电厂房、开关站和通航建筑物组成。重力坝坝顶高程233米，坝顶总长525米，最大坝高110米，是国内首项坝高超过百米的碾压混凝土高坝。大坝分为厂前挡水、溢流、升船机挡水、左岸挡水4个坝段。4条直径10.8米的引水压钢管埋在坝内，是国内水电站首项最大直径钢管。发电厂房位于右岸坝后，与轴平行布置，为半封闭结构。安装4台单机为30.25万千瓦的混流式水轮发电机组。电站最大水头665.5米，最小水头37米，设计水头59.4米。通航建筑物设于溢流坝段底孔左侧，包括上、下引航道在内的建筑物总长830米，采用均衡重式垂直升船机，过船吨位250吨，年货运量180万吨，最大提升高度69.5米。溢流坝段设15米×21米（宽×高）的表孔7孔，堰顶高程202米，采用宽尾墩与戽式消力池联合消能。

工程于1985年3月开工，1987年11月提前一年截流成功，1992年3月首台机组投产发电，1995年6月4台机组全部并网发电。该工程于1998年获中国第八届优秀工程设计金奖，工程勘察分项于1994年获广西壮族自治区优秀工程勘察一等奖。

（二十七）昭平水库

昭平水库（见图2-49、图2-50）位于广西壮族自治区贺州市昭平县昭平镇，是一座以供水为主，兼顾灌溉、发电、航运等综合利用的大（2）型水利工程。坝高39.5米，最大泄洪流量20 620立方米每秒。坝顶高程79米，设计洪水标准50年一遇，校核洪水标准500年一遇，校核洪水位77.5米，设计洪水位74.32米，防洪高水位72米，正常蓄水位72米，防洪限制水位72米，死水位71米。总库容1.221亿立方米，调洪库容0.078亿立方米，兴利库容0.078亿立方米，死库容0.66亿立方米，正常蓄水位相应水面面积7.65平方千米。

图2-49 昭平水库大坝（《广西水利水电》供）

图2-50 昭平水库全景（《人民珠江》供）

昭平水库由拦河闸坝、发电厂房、船闸、升压站等部分组成。其中拦河坝溢流段设 10 孔泄洪闸，每孔净宽 14.0 米，最大泄流 20 620 立方米每秒，电站装机 3 台，单机容量 21 兆瓦，保证出力 9.23 兆瓦，设计年利用小时数 4 833 小时，设计年发电量 3.05 亿千瓦时。船闸采用单级，闸室尺寸 60.0 米 × 8.0 米 × 20.0 米，船闸为六级航道标准，最大船只过船吨位 120 吨。

昭平水库属苏联援建的水电工程项目，1960 年由于种种原因，苏联撤销了项目，撤走了全部的专家和技术人员，水库的工程建设被迫停建。1985 年经广西壮族自治区人民政府批准，工程于 1989 月 12 月开始重建，1994 年 4 月 1 号机组发电，1995 年 1 月水库水位蓄至正常高水位 72.00 米，同年 9 月全面建成。

（二十八）左江水利枢纽

左江水利枢纽（见图 2-51）位于广西壮族自治区南部、珠江流域西江水系左江中上游的崇左市，是左江干流的第一个梯级，属大（2）型水利枢纽。工程以发电为主，兼顾灌溉、航运、旅游、水产养殖等综合利用效益。坝址以上控制集雨面积 26 173 平方千米，水库总库容 7.16 亿立方米，正常水位 108 米，校核水位 117.11 米，设计洪水位 114.20 米，属日调节水库。电站装机容量 3 × 24 兆瓦，年平均发电量 3.136 亿千瓦时。

图2-51 左江水利枢纽（广西南宁院供）

枢纽挡水建筑物包括右岸接头土坝、框格填渣坝、河床式厂房、溢流坝、左岸混凝土重力坝、水坡坡首及其左岸接头土坝。坝顶全长约 626.5 米，坝顶高程除左、右岸接头土坝为 119.00 米外，其余部位均为 118.80 米。坝顶上、下游侧分别布置交通桥、工作桥。右岸接头土坝为均质土（黏土）坝，长约175米，最大坝高14.3米；框格填渣坝长31.5米，最大坝高15.6米，坝顶宽14.4米，坝顶板、框格底板和格墙为混凝土结构，中间填筑大坝开挖的石渣；河床式厂房进水口坝段为拦河建筑物的组成部分，全长83.5米，厂房内安装3台单机容量24兆瓦的轴流转桨式机组；溢流坝段为混凝土闸坝，共设有10个孔口尺寸为14米×14米的溢流表孔；左岸混凝土重力坝段长69米，最大坝高37.44米，坝顶宽14.5米，在坝体中部设检修闸门门库，并预留船闸（120吨级）位置；左岸接头土坝为均质土（黏土）坝，长约65.5米，最大坝高13.0米。

1992年11月12日广西壮族自治区重点工程建设办公室批准了左江水库的开工报告。1992年11月20日一期工程草土围堰开始填筑，由南宁航务工程处承包施工。1992年12月18日正式动工，1993年8月17日全国政协常委、水利部副部长严克强一行6人到工地视察。1996年8月土建工程全部完工，1999年5月30日下闸蓄水。

（二十九）爽岛水库

爽岛水库（见图2-52）位于珠江水系贺江支流东安江分支流的大平河上，坐落在苍梧县梨埠镇旺湾村附近的爽岛峡谷，是一座以发电为主，兼顾灌溉、防洪和下游电站的水量调节的综合效益水库。水库集雨面积588平方千米，总库容2.12亿立方米，属大（2）型水库。以发电、供水为主，兼顾灌溉和防洪。最大泄洪流量2 207立方米每秒，设计洪水标准100年一遇，校核洪水标准1 000年一遇，校核洪水位92.61米，

图2-52 爽岛水库（梧州水利局供）

设计洪水位90.77米，正常蓄水位90米，死水位69米。总库容21 200万立方米，调洪库容3 950万立方米，兴利库容14 510万立方米，死库容3 770万立方米，正常蓄水位相应水面面积6.5平方千米。

电厂主要建筑物有大坝、泄洪道、压力引水管、发电厂房、110千伏和35千伏两座变电站等。坝高61米，泄洪道共3孔，为中孔滑雪道式，孔口尺寸6.0米×6.8米（高×宽），设计下泄流量1 955立方米每秒。压力引水管布置在拱坝圆心联线左侧，压力引水管内径2.8米，发电厂房建在左岸坝后。

工程于1988年动工兴建，1991年6月蓄水，1997年验收。2013年爽岛电厂经

增效扩容改造后装机容量为 2×7 000 千瓦。自 1992 年投产至 2016 年 12 月，发电量已达 11.8 亿千瓦时，最大年发电量达 8 066 万千瓦时（2016 年）。

（三十）叶茂水库

叶茂水库（见图 2-53）位于广西河池宜州区龙江河干流的中游，是龙江规划开发的第七个梯级。坝址控制流域面积 430 平方千米，水库正常蓄水位为 140.5 米，死水位 136.2 米，校核洪水位 145.5 米，总库容 1.07 亿立方米，坝址多年平均径流量 1.15 亿立方米，多年平均流量 295 立方米每秒。工程以发电为主，设计多年平均发电量 1.875 亿千瓦时。

图2-53　叶茂水库（《广西水利水电》供）

枢纽由发电厂房、7 孔溢流坝及升压站等组成。电站是河床径流式水电站。电站安装 3 台轴流发电机组，总装机容量 3.75 万千瓦。厂房布置在右岸石漫滩地上，左侧为溢流坝段 10 号墩，右侧为右岸接头坝，全长 60.02 米。拦河坝为混凝土重力坝，最大坝高 34.7 米，溢流坝段布置有 9 个溢流孔，每孔设置一扇 14 米 × 12.5 米平板钢闸门。

工程于 1992 年 8 月动工兴建，1997 年 3 月开始蓄水发电，1997 年 11 月竣工交付使用。正值中国由计划经济向市场经济过渡时期，银行利息大幅度上调，对基本建设投资实行宏观控制，紧缩银根，工程造价大大超过概算，建设资金异常紧缺，地方政府无力支撑。1996 年底，3 台机组全部安装调试完毕，利用围堰水头试运行。1997 年 3 月底下闸蓄水，电站正式发电。

（三十一）京南水利枢纽

京南水利枢纽（见图 2-54）位于桂江下游的广西壮族自治区梧州市苍梧县京南镇，属桂江综合利用规划中倒数第二梯级水利枢纽工程。控制流域面积 17 388 平方千米，正常蓄水位 30 米，死水位 29 米，

图2-54　京南水利枢纽（梧州市水利局供）

调节库容 1 110 万立方米，校核洪水位 38.29 米，总库容 2.72 亿立方米，坝址多年平均径流量 173.7 亿立方米。枢纽总装机容量 6.9 万千瓦，多年平均发电量 2.880 亿千瓦时，以发电为主，兼顾航运、灌溉、水产养殖、旅游等综合利用。

枢纽由拦河坝、发电厂房和船闸组成。拦河坝为混凝土重力坝，坝体总长 443 米，坝顶高程 40.334 米，最大坝高 34.134 米。该枢纽工程为Ⅲ等低水头枢纽工程，设计洪水重现期为 50 年一遇，校核洪水重现期为 300 年一遇，地震基本烈度为Ⅵ度。溢流坝段布置在河床中、右段，总长 277.0 米，共 16 孔，孔口净宽 14 米。采用 3 孔底流与 13 孔面流综合消能布置。电站厂房为河床式厂房，在左岸河床斜坡地带安装 2 台 3.45 万千瓦的灯泡贯流式水轮发电机组。船闸布置在左岸一级阶地，船闸规模为一次通过 1+2×120 吨拖带船队，年通航能力为 100 万吨。

1993 年 9 月 18 日坝基开挖，11 月 1 日实现大江截流；1994 年 9 月开始浇筑厂房基础混凝土；1997 年 3 月 30 日枢纽船闸通航一期工程完成，6 月 28 日第一台机组投产发电，1997 年 12 月 7 日第二台机组亦并网发电；1998 年 12 月竣工。

（三十二）仙衣滩水库

仙衣滩水库（见图 2-55）（航运枢纽）位于广西壮族自治区贵港市城区郁江上游，是贵港航运枢纽工程的坝址所在地，是中国“八五”重点建设项目西江航运建设二期工程的主体，集通航、发电、防洪、排涝、交通为一体。水库按 50 年一遇洪水设计，500 年一遇洪水校核，设计洪水位 48.66 米，控制流域面积 81 700 平方千米，正常蓄水位 43.1 米，死水位 42.6 米，调节库容 1 800 万立方米，校核洪水位 49.69 米，总库容 6.43 亿立方米。

图2-55　仙衣滩水库（《广西水利水电》供）

仙衣滩水电站为河床式低水头电站，大坝由左岸的电站厂房、中部的溢流坝、右岸的重力坝及左右岸接头土坝组成。其中，溢流坝段长 314.6 米，分为导流孔、调节孔和溢洪孔，共18孔。右岸非溢流坝段长45.00米；左岸土坝长170.00米，右岸土坝长313.40米。厂房长120米，宽37米。最底部水机层交通廊道高程12.8米。电站安装4台单机容量为30兆瓦的灯泡贯流式机组，总装机容量为120兆瓦。机组的主要设备由国外进口：水轮机和调速器系统由芬兰科瓦纳公司提供；发电机、保护系统、励磁系统、计算机监控系统由瑞士ABB公司提供。

仙衣滩水库于1993年立项批复，1995年开工，1997年大江截流，1998年船闸通航，1999年并网发电。电厂监控系统技术改造项目于2013年2月开始实施，至2015年4月完成了4台机组、开关站、公用系统及上位机监控网络的技术改造。自1998年船闸建成通航后，贵港常年可通行千吨级船舶，成为真正意义上的西南出海黄金水道。

（三十三）百龙滩水库

百龙滩水库（见图2-56）位于广西壮族自治区都安、马山两县交界处的红水河中游，是南盘江红水河水电基地规划中的第七个梯级。电站设计洪水标准50年一遇，校核洪水标准500年一遇，校核洪水位159.55米，设计洪水位154.1米，死水位125米。总库容34 000万立方米，兴利库容470万立方米，死库容6 350万立方米，正常蓄水位相应水面面积4.58平方千米。工程以发电为主，利用水库回水发展航运。

百龙滩水库坝高72.1米，最大泄洪流量29 600立方米每秒，由混凝土重力式溢流坝、河床式厂房、开关站、船闸、冲沙闸、接头坝组成。碾压混凝土溢流坝布置

图2-56　百龙滩水库（《人民珠江》供）

于左岸主河道上，为开敞式自由泄流，总长274米，最大坝高28米。堰顶高程分别为126米、130米，长均为100米；碾压混凝土接头坝顶高程135米，长74米。右岸土坝接头顶高程160.1米，长210米。发电厂房布置于右岸滩地上，厂房两侧各设4米×8米（宽×高）的冲沙孔1个，进水口高程93米。上游引航道长454.4米，

底宽 37 米，底高程 122.5 米。闸室长 128 米，底板高程 110.8 米。

工程于 1993 年 2 月 18 日开工，1999 年 5 月建成。1996 年 9 月 4 日百龙滩水电厂 3 号机组并网发电，在试运转时发现发电机内部有异常声音，技术人员在对 3 号机组检查后认为声音发生部位为转子 T 形键侧面与转子磁轭键槽接触部位，最后发现轴承盖里面的密封环、盘根安装错误，进行了纠正。

（三十四）天生桥一级水库

天生桥一级水库（见图 2-57）位于贵州省安龙县和广西壮族自治区隆林各族自治县交界处的南盘江干流上，是红水河第一级水库，为西电东送的重点工程，也是珠江流域西江水系上游的南盘江龙头水库。坝址集水面积 50 139 平方千米，多年平均径流量 193 亿立方米。天生桥一级

图2-57　天生桥一级水库（《人民珠江》供）

水库以发电为主，设计防洪标准是 1 000 年一遇，校核防洪标准是 10 000 年一遇，水库设计洪水位 782.87 米，校核洪水位 789.86 米，正常蓄水位 780.00 米，死水位 731.00 米，总库容 102.57 亿立方米，调洪库容 29.96 亿立方米，兴利库容 57.96 亿立方米，死库容 25.99 亿立方米，属年调节水库。

该水库由大坝、溢洪道、输水洞、电厂等组成。主坝坝型是混凝土面板堆石坝，坝顶高程 791.0 米，最大坝高 178.0 米，坝顶长 1 104.0 米，坝顶宽 12.0 米。溢洪道为岸边开敞式，堰顶高程 760.0 米，设 5 扇 13.0 米 ×20.0 米，最大泄量 21 750 立方米每秒；灌溉发电输水洞进口底高程 711.5 米，最大泄量 1 204 立方米每秒；泄洪洞为圆形隧洞，直径 9.6 米，进口底高程 660.0 米，最大泄量 1 766 立方米每秒；电站有 4 台机组，单机装机容量为 30 千瓦，年发电量 52.26 亿千瓦时。电站出线为 1 回 500 千伏直流向华南送电，另有 4 回 220 千伏线路向广西、贵州地方送电。工程建成后，可增加下游已建大化、岩滩和天生桥二级等电站保证出力共 88.39 万千瓦，增加年发电量 40.77 亿千瓦时。

工程于 1991 年 6 月正式开工，1994 年底实现截流，1998 年底实现第一台机组发电，2000 年竣工。1998 年 8 月天生桥一级水库正式蓄水，1998 年 12 月一级电站首 4 号机组投产发电。1999 年水库最高水位 767.19 米，大坝进行防浪墙及坝体

787.3～791.0米高程施工，1999年12月3号机组投入运行。2000年10月17日水库蓄水至正常水位780.0米运行，年底大坝施工全部完成，2000年9月2号机组投入运行，12月1号机组投入运行，至此4台机组全部投入运行。2001年11月11日水库蓄水至正常水位780.0米运行，2002年9月17日水库蓄水至776.96米运行。

（三十五）柴石滩水库

柴石滩水库（见图2-58）位于云南省昆明市宜良县境内，是珠江流域规划中南盘江中下游梯级的龙头水库，水库多年平均流量48.4立方米每秒，年径流量15.3亿立方米，水库控制流域面积4 556平方千米。水库正常总库容4.37亿立方米，有效库容2.55亿立方米，为多年调节水库。坝后电站装机容量60兆瓦；年发电量1.83亿千瓦时。

图2-58　柴石滩水库（云南省水文水资源局供）

柴石滩水库为混凝土面板堆石坝，最大坝高103米，坝顶长309.8米。坝后式电厂，装机容量3×2万千瓦，最大引用流量111.6立方米每秒，设计水头62.2米。坝址河谷呈V形，两岸地形基本对称，在坝顶高程以下，右岸山坡坡度30°～37°，左岸山坡坡度35°～37°。坝段基岩主要为砂岩、页岩、砾岩、白云岩等。引水发电隧洞布置在大坝左岸山体内，主副厂房及升压站布置在大坝左岸下游坝脚处。引水发电系统的主要建筑物包括进口明渠、进水塔、隧洞、岔道、主副厂房及升压站等。引水隧洞长377米，洞径6.4米，底坡i=0.01。

柴石滩水库于1994年3月开工，2001年1月下闸蓄水，2002年6月全面竣工，并投入运行。由于资金等方面的原因，水库建设于1999年初停工。2001年8月10日3号机组并网发电，10月18日华1号机组投产发电，12月23日最后一台机组——2号机组投产发电，至此，电站3台机组全部建成投产，实现了当年投资、当年投产、当年回报的佳绩。

（三十六）浮石水库

浮石水库（见图2-59）位于广西北部、珠江流域西江水系柳江干流融江河段中游的融安县浮石镇，为柳江干流综合利用梯级开发中的第6个梯级水电站。坝址以上控制流域面积21 870平方千米，水库总库容4.5亿立方米，属日调节水库。设计正常蓄水位113.00米，校核洪水位121.32米，设计洪水位117.92米，汛期限制水位112.00米，死水位110.20米。电站是河床式，装机3台，总装机容量54兆瓦。工程以发电、航运为主，兼有灌溉等综合利用效益。

图2-59　浮石水库（柳州市水利局供）

枢纽建筑物自左至右依次为左岸连接坝段、船闸、泄洪闸坝段、厂房和右岸接头坝段，全长约500.00米。左岸连接段长58.00米，为钢筋混凝土空箱填渣结构，最大高度26.30米。右岸混凝土重力接头坝长60.00米，坝高28.70米。泄洪建筑物为17孔泄洪闸，长292.00米，最大坝高30.30米，紧靠船闸，布置在河中央的长石石英砂岩地基上。溢流堰采用折线型堰，堰顶高程101.00米，孔口尺寸14.00米×12.50米（宽×高），工作闸门采用露顶式平板钢闸门，启闭机为固定卷扬机，闸坝顶部交通桥桥面高程为123.30米，为钢筋混凝土预制T形简支梁结构，船闸纵向全长580.00米，其中上闸首长24.00米、下闸首长14.00米，闸室长80.00米，宽均为8.00米。上闸首工作门为下沉式平板钢闸门，下闸首工作闸门为人字形钢闸门，启闭设备均采用液压启闭机。

浮石水库工程于1992年9月正式开工，分3期实施。2000年3月通过验收下闸蓄水，同年3月投产发电，全部土建工程于2002年12月完工，2007年12月枢纽工程通过竣工验收。

（三十七）平班水库

平班水库（见图2-60）位于广西壮族自治区和贵州省交界的南盘江上，是红水河综合利用规划的第三个梯级水库，水库控制流域面积5.6万平方千米，多年平均流量616立方米每秒，多年平均径流量194亿立方米。水库正常蓄水位440米，设计洪水位 441.67 米，校核洪水位 445.60 米，死水位 437.50 米。总库容 2.78 亿立方米，调节库容 0.268 亿立方米，调洪库容 0.67 亿立方米，死库容 1.842 亿立方米。安装 3 台 13.5 万千瓦的轴流转桨式水轮发电机组，总装机容量 40.5 万千瓦，保证出力 12.69 万千瓦。

图2-60　平班水库（《人民珠江》供）

平班水库枢纽主要建筑物由溢流坝、河床式厂房、左右岸重力坝及开关站组成，为 II 等工程。溢流坝布置于河床靠左侧深河槽中，总长度为 122.00 米，分为 6 个坝段。溢流坝共有 5 个溢流表孔，孔口净宽为 17.00 米，结构分缝在闸孔中间，中、边墩厚度均为 4.5 米，墩头为圆形，堰顶高程为 425.70 米，采用 WES 堰面曲线。堰顶高设弧形工作闸门挡水，闸门挡水高度为 14.30 米，坝下消能采用宽尾墩与戽式消力池结合的联合消能工，戽底高程为 398.50 米。溢流坝坝顶高程为 449.20 米，最低建基面高程为 387.00 米，最大坝高为 62.20 米。

平班水库工程于 2001 年 10 月 23 日开工建设；2004 年 12 月 4 日，电站第一台机组正式投入商业运营；2005 年 8 月 23 日，平班水电站最后一台机组投产发电。

（三十八）大埔水库

大埔水库（见图 2-61）工程位于柳江干流融江河段的广西柳城县大埔镇下游，是柳江流域综合利用规划的第八个梯级，坝址控制流域面积 26 765 平方千米，占柳江流域总面积的 45.9%，正常蓄水位 93.0 米，死水位 80.0 米，调洪库容 3.13 亿立方米，校核洪水位 101.78 米，总库容 5.25 亿立方米。坝址多年平均径流量 24.9 亿立方米，多年平均流量 790 立方米每秒。总装机容量 9 万千瓦，兼有发电、航运、灌溉、水产养殖等综合利用效益。

工程由右岸发电厂房、左岸船闸、河中19孔泄洪排漂闸坝、左右岸接头坝、升压变电站组成。工程坝轴线长730米，最大坝高35.3米。船闸布置在河床左侧，闸室有效尺寸80米×8米×2米（长×宽×门槛水深），可通过100吨级船舶（远期300吨）。电站为河床式挡水厂房、电站装机为3台3万千瓦的灯泡贯流式水轮发电机组，年平均利用时间5 000小时，机组由奥地利维奥水电技术设备公司生产，设计水头10.5米。

图2-61　大埔水库（柳州市水利局供）

1992年8月工程开工，1993年8月主体工程开工。1995年5月至2000年10月工程基本停工。2000年11月复工，2002年9月利用奥地利政府贷款合同生效。2002年10月，梅雁股份公司正式控股桂柳公司。第一、第二台水轮发电机分别于2004年5月、9月投入商业运行。2005年1月第三台机组并网发电，大埔水库工程全部竣工。

（三十九）乐滩水库

乐滩水库（见图2-62）也叫恶滩水库，位于广西壮族自治区忻城县红渡镇上游，是红水河干流上最早建成的一座大型水利水电枢纽工程，也是南盘江红水河水电基地10级开发的第八级，还用作桂中治旱工程水源地。坝址多年平均流量2 180立方米每秒，年径流量688亿立方米，水库正常蓄水位112米，总库容9.5亿立方米，调节库容0.46亿立方米。1981年5月15日一期工程正式投产发电，装1台6万千瓦的机组。2003年扩建工程装机容量60万千瓦，保证电力302兆瓦，年发电量35亿千瓦时。工程以发电为主，兼有航运、灌溉等综合利用效益。

图2-62　乐滩水库（吕东福摄）

枢纽主要建筑物由左岸接头土石坝、左岸重力坝、船闸冲沙闸、船闸、河床式厂房（机组段、安装间）、溢流坝、右岸重力坝及开关站组成。坝顶高程130.0米，坝顶总长586.3米，其中河床式厂房（机组段、安装间）坝段长208.5米，最大高度82.00米；溢流坝长157.0米，最大高度62.00米。安装4台150兆瓦的轴流转桨式水轮发电机组，总装机容量600兆瓦；接头土石坝校核洪水重现期为2 000年一遇；开关站的防洪标准与厂房一致。船闸过坝船闸近期按2×250吨级船闸设计，远期扩建为2×500吨级，年货运量180万吨。

工程于2001年10月开始动工兴建，11月8日主体工程开工，2004年12月20日首台机组正式并网发电。第四台机组于2005年12月24日投产发电。乐滩水电厂的前身恶滩水电厂是广西壮族自治区红水河流域的首个投产水电厂，是当地最早建立的工业企业之一。恶滩水电厂自1976年开始建设，1981年5月装机容量为6万千瓦时的恶滩水库投产发电，这是红水河10个梯级水库开发中第一个投产发电的水电站，被誉为"红水河第一颗明珠"，至2004年10月退出运行。

图2-63　巴江口水库（《广西水利水电》供）

（四十）巴江口水库

巴江口水库（见图2-63）位于广西壮族自治区平乐县大发瑶族乡境内。它是桂江干流综合利用规划（平乐以下河段）6个梯级水库中的第一个水库，属于闸孔式挡水重力坝。水库坝址以上集雨面积 12 621 平方千米，多年平均流量 417 立方米每秒，多年平均径流量 131.5 亿立方米。水库正常蓄水位 97.6 米，总库容 2.163 亿立方米；电站装机容量 3×30 兆瓦，多年平均发电量 427.57 吉瓦时；船闸设计一次通过能力 2×100 吨，为Ⅵ级船闸，设计年过坝货运量 80 万吨。枢纽工程属Ⅱ等工程。

巴江口水电站是一座径流式水电站，下游与已建成的昭平水电站衔接；坝址处枯水期河床宽约 275 米，河床正中有一处宽 40～86 米、长约 400 米的大沙洲，沙洲枯水期露出水面 3.5～4.5 米，将桂江分隔成左、右 2 个河道，左河道河床底高程约 70.0 米右河道河床底高程约 66.5 米，主河道在右侧，坝轴线从大沙洲中部通过。船闸布置在左岸，下游引航道远离主流区，下引航道口门区的流态较平稳。巴江口水库设 9 个净宽 15 米的溢流表孔，堰顶高程 81.6 米，溢流坝总长 169.4 米；其中一期工程施工左 3 孔半，长 67.9 米。

巴江口水库于 2003 年 8 月开工建设，2005 年 12 月底利用二期围堰挡水第一台机组及船闸同时投入运行，2006 年 7 月 3 台机组全部投产运行。

（四十一）山秀水库

山秀水库（见图 2-64）是左江干梯级规划中的第三个梯级，位于左江主干流下游河段。水库坝址控制流域面积 29 562 平方千米，水库正常蓄水位 86.5 米，死水位 86.0 米，校核洪水位 95.8 米，水库总库容 6.063 亿立方米，多年平均径流量 189.3 亿立方米。电站总装机容量 78 兆瓦，以发电为主，兼顾航运、灌溉等综合效益。

工程枢纽建筑物从左至右依次为左岸接头重力坝、船闸、溢流坝、河床式厂房、右岸接头重力坝、右岸接头土坝等组成。坝顶高程 98.40 米，最大坝高 40.50 米，坝轴线总长

图2-64　山秀水库（广西南宁院供）

435.96 米。泄水建筑物由 9 孔溢流坝组成，采用弧形闸门和液压启闭机启闭，闸门尺寸 14 米 ×16.5 米（宽 × 高），溢流坝的最大坝高 39.5 米，堰顶高程 71.5 米。消能方式为底流消能。

工程于 2003 年 3 月 21 日正式开工兴建，2005 年 6 月 6 日通过一期水下工程验收，

2006年6月3日通过二期水下工程验收，2006年9月19日第一台机组正式投产发电，2007年8月通过中国水利水电科学研究院的工程蓄水安全鉴定，最后一台机组投产发电。

（四十二）百色水利枢纽

百色水利枢纽（见图2-65）位于广西壮族自治区百色市的郁江上游右江河段上，水库坝址以上集雨面积1.96万平方千米，多年平均流量263立方米每秒；年径流量82.9亿立方米。水库正常蓄水位228米，相应库容48亿立方米；最高洪水位233.45米，相应总库容56亿立方米；防洪限制水位214米，防洪库容16.4亿立方米，死水位203米，死库容21.8亿立方米；水库调节库容26.2亿立方米，属不完全多年调节水库。工程以防洪为主，兼顾发电、灌溉、航运、供水等综合利用的大型水利枢纽。

百色水利枢纽布局枢纽主要建筑物包括碾压混凝土主坝1座，地下厂房1座、副坝2座、通航建筑物1座。主坝为全断面碾压混凝土坝，坝高130米，坝顶长720米，坝顶宽10米，坝顶高程234米。副坝为39米的银屯土石坝和26米的香屯均质土坝，位于坝址上游左岸，距离坝址约5千米。碾压混凝土主坝最大坝高130米。地下厂房布置在坝址左岸，装机4×135兆瓦，由进水渠、进水塔、引水隧洞、主厂房、主变室、尾水洞、交通洞及高压出线洞等组成。其电站主厂房总长147米，宽19.5米，高49米。

图2-65　百色水利枢纽（右江公司供）

工程于2001年10月开工建设，2002年10月截流，2006年10月竣工。百色水利枢纽在建设和运行期均得到了党和国家领导人的深切关怀。2002年工程建设初期，时任国家副主席胡锦涛视察百色水利枢纽工程时提出"建设右江河谷明珠"的厚望；2008年2月工程建设过程中，胡锦涛同志再次视察百色水利枢纽工程时说：六年前我来过，今天又来看一下，我心里踏实了，提出"安全生产记录要保持下去"的殷切期望。2010年5月，时任国家副主席习近平视察百色水利枢纽工程时指出：百色水利枢纽是这些年来特别是西部大开发战略实施以来，广西发展变化的一个缩影。

（四十三）古顶水库

古顶水库（见图2-66）位于广西壮族自治区柳州市融水县和睦镇古顶村民委上油榨村旁的融江河上，是柳江规划第七个梯级，为日调节水库。水库按50年一遇洪水设计，500年一遇洪水校核。多年平均发电量33 181万千瓦时，为低水头径流式日调节水库。坝址以上控制集水面积24 273平方千米，水库设计洪水位109.68米，正常蓄水位102.0米，死水位101.5米，校核洪水位112.66米，总库容为2.04亿立方米，坝址多年平均径流量228.32亿立方米。

图2-66 古顶水库（《广西水利水电》供）

枢纽工程主要建筑物有泄洪闸坝、组合式土坝、船闸闸首、发电厂房、变电站和上坝进厂公路等。主要建筑物级别为3级，次要建筑物级别定为4级，临时建筑物级别定为5级。设计洪水标准为50年一遇，组合式土坝校核洪水标准为1 000年一遇，泄洪闸坝、船闸闸首、电站厂房校核洪水标准为500年一遇。枢纽布置在主河、岔河河道，从左到右依次由主河左岸连接重力坝、船闸、泄洪闸、河床式厂房、连接重力坝段、土石坝、连接重力坝段、岔河泄洪闸、右岸连接土坝组成。

工程于2003年12月开工，2005年8月水库蓄水，2006年1月首台机组发电，2006年12月机组全部并网发电。

图2-67　红花水利枢纽（柳州市水利局供）

（四十四）红花水利枢纽

红花水利枢纽（见图2-67）位于广西壮族自治区柳州市柳江县里雍镇，是柳江综合利用规划的最后一个梯级，属于闸孔式挡水闸，枢纽正常蓄水位77.5米，正常蓄水位以下库容5.7亿立方米，日调节库容0.29亿立方米，干流回水长度108千米，正常运行回水至柳江市柳江大桥水位78.5米，库区水面面积59平方千米。枢纽是以发电、航运为主，兼顾灌溉、旅游、养殖综合性利用。

红花水利枢纽所处河段为微弯河道，左岸为凹岸，右岸为凸岸，建坝前的主航线在左岸，船闸布置在左岸。枢纽建筑物从左至右依次为左岸土坝、左门库坝、船闸、泄水闸、电站厂房、右门库坝、右岸土坝。枢纽主要建筑物有：19孔泄水闸（含1孔排漂孔）；6台单机容量为3.834万千瓦的灯泡式贯流机组河床式水电站，厂房尺寸为150.75×68.90米×59.65米（长×宽×高），单线单级船闸尺寸为100.0米×12.0米×3.0米（长×宽×门槛水深）。

工程于2003年10月28日正式开建，第一台机组于2005年10月底建成发电，其余机组于2007年1月全部并网发电。该枢纽是中广核集团发展清洁常规电力与可再生能源的战略高地之一。

（四十五）金鸡滩水利枢纽

金鸡滩水利枢纽（见图2-68）位于右江（隆安段）上游河段，坝址多年平均流量为472立方米每秒，正常蓄水位88.6米，死水位87.6米，水库调节库容0.148亿立方米，工程按100年一遇洪水设计，相应洪水位和库容分别为97.16米和0.204 4亿立方米；按500年一遇洪水校核，相应洪水位和库容（总库容）分别为98.59米和2.309亿立

图2-68　金鸡滩水库（广西南宁院供）

方米；水库正常蓄水位 88.60 米，相应库容 0.988 亿立方米；死水位 87.60 米，相应库容 0.886 亿立方米。装机容量 72 兆瓦，厂内安装 3 台单机容量为 24 兆瓦的灯泡贯流式机组。是一个以发电、航运为主，兼顾防洪、供水、电灌、养殖、旅游等综合效益的水利枢纽工程。

工程枢纽建筑物从左至右依次为左岸接头重力坝、船闸、厂房、溢流坝、右岸接头重力坝、开关站、主变平台等。坝顶高程 102.70 米，最大坝高 42.70 米，坝轴线总长 337.44 米。泄水建筑物由 7 孔溢流坝组成，采用弧形闸门和液压启闭机启闭，闸门尺寸 16 米 × 14.1 米（宽 × 高），堰顶高程 75.00 米，消能方式为底流消能。大坝基础主要为粉砂质泥岩、泥岩，岩石完整均一，地质条件良好，地震基本烈度为Ⅶ度。

金鸡滩水库于 2003 年 12 月 7 日开工建设，2005 年 6 月 10 日通过一期水下工程验收，2006 年 3 月 26 日电站第一台机组正式投产发电，2006 年 6 月 6 日通过二期工程蓄水前阶段验收，2006 年 6 月通过中国水利水电科学研究院的工程蓄水安全鉴定，2007 年 1 月 10 日通过工程蓄水阶段验收，2007 年 2 月 9 日最后一台机组投产发电，2007 年 3 月全部机组建成投产。

（四十六）洞巴水库

洞巴水库（见图 2-69、图 2-70）是西洋江流域综合利用规划的梯级，坝址位于广西壮族自治区田林县那比乡那腊村。坝址以上控制集雨面积 4 380 平方千米，多年平均流量 62.5 立方米每秒，正常蓄水位 448 米，死水位 415 米，总库容 3.22 亿立方米，正常蓄水位以下库容 2.97 亿立方米，调节库容 2.02 亿立方米，为不完全年调节水库，电站装机容量 72 兆瓦，多年平均发电量 3.09 亿千瓦时。

图2-69 洞巴水库库区（陆永盛摄）

洞巴水库主要建筑物由大坝、溢洪道、发电厂房及开关站等组成。大坝为混凝土面板堆石坝，坝顶高程 452.80 米，防浪墙顶高程 454.00 米，最大坝高 105.80 米，最大坝底宽 321.00 米、坝顶宽 7.00 米，坝顶总长 467.52 米。溢洪道总长 322.20 米，溢洪道泄槽为矩形断面，宽 46.00 米。溢洪道设有 3 个闸孔，每孔净宽 13 米。闸墩顶部布置有交通桥、门机和启闭机房。电站厂房布置在大坝下游西洋江的右岸坡脚处，地面高程 364.17 米，厂房总长 56.9 米、总宽 27.2 米，为坝后引水式厂房。

图2-70 洞巴水库大坝（陆永盛摄）

工程于 2003 年 6 月开工，前期进行场区临建及导流隧洞的施工，2004 年 3 月主体工程开工，2004 年 9 月 26 日大江截流，2004 年 12 月 13 日开始大坝堆石填筑，2006 年 3 月 28 日开始大坝一期面板浇筑，2006 年 9 月 15 日下闸蓄水，2006 年 10 月 26 日第一台机组投产发电，2007 年 6 月底工程全部竣工。

（四十七）双河口水库

双河口水库（双河口水电站）（见图 2-71）位于贵州省黔南布依族苗族自治州罗甸县边阳镇交砚乡，是蒙江干流规划开发的第七级。双河口水库工程规模为大（2）型，属不完全年调节水库，大坝设计洪水标准为 100 年一遇，洪水流量为 4 010 立方米每秒；校核洪水标准为 2 000 年一遇，洪水流量为 6 150 立方米每秒；正常蓄水位 580.00 米；总库容 1.928 亿立方米，兴利库容 1.828 亿立方米，死库容 0.852 亿立方米。

该工程采用坝后式开发，枢纽由钢筋混凝土面板堆石坝、右岸岸边开敞式溢洪道、右岸泄洪洞、左岸发电引水隧洞及左岸岸边厂房及升压站等建筑物组成。钢筋混凝土面板堆石坝布置于河床，坝顶长 372.088 米，坝顶高程 583.8 米。最大坝高 97.8 米，坝顶宽 10.6 米。溢洪道布置在右岸，溢流堰共设 2 孔弧形工作闸门。泄洪洞布置在右岸，进口设置平板检修闸门、弧形工作闸门各 1 扇，泄洪洞总长 528.0 米，隧洞为无压城门洞形（6.7 米 ×10.5 米）。发电引水系统布置在左岸山体中，采用一洞三机的供水方式，由进口引水段、岸塔式进水口、有压引水隧洞、压力钢管及岔支管组成。

双河口水库于 2003 年 12 月 29 日开始修建进场公路，2004 年 12 月 31 日如期实现大江截流，2007 年 3 月实现 2 台机组投产，2007 年 6 月第三台机组投产，2007 年 7 月全部机组投入运行。

图2-71 双河口水库（黔南州水务局供）

（四十八）云鹏水库

云鹏水库（见图2-72、图2-73）位于云南省红河哈尼族彝族自治州泸西县与文山壮族苗族自治州丘北县交叉河界，坝址左岸属泸西县，右岸属丘北县。水库坝址控制流域面积28 082平方千米，装机容量21万千瓦，设计多年平均发电量8.48亿千瓦时，水库地震设计烈度Ⅶ度，正常蓄水位902米，正常蓄水位以下库容3.74亿立方米，总装机容量210兆瓦；水库总库容3.8亿立方米，调节库容2.26亿立方米，正常蓄水位902米，相应库容3.74亿立方米，死水位877米，死库容1.54亿立方米，设计年平均发电量8.95亿千瓦时，保证出力45.9兆瓦，年利用小时数约4 261小时。

图2-72 云鹏水库（一）（泸西县水利局供）

云鹏水库枢纽建筑物主要有土质心墙堆石坝、左岸开敞式岸边溢洪道、左岸泄洪洞、交通洞、右岸泄洪洞、左岸引水系统、地面厂房及GIS开关站等。土质心墙

堆石坝坝轴线为直线，坝顶长456.8米，坝顶宽10米，坝顶高程904米，上游设防浪墙，墙顶高程905.2米，坝基开挖最低高程807.5米，最大坝高96.5米。左岸开敞式岸边溢洪道紧靠左岸坝肩布置，溢洪道长约687.245米，采用挑流消能，由引渠段、闸室段、泄槽段、挑流鼻坎等组成。

云鹏水库于2003年8月8日开工，2004年11月8日实现截流，2006年12月下闸蓄水，2007年5月首台机组发电，同年9月3日3台机组均投产发电。云鹏水库

图2-73　云鹏水库（二）（泸西县水利局供）

蓄水前，坝址附近50千米范围内，1965年以来发生的最大地震为2000年1月27日丘北5.5级地震，且无4级地震发生。1965年至2006年12月，在库区及其附近区域内，发生2.0～2.9级地震16次，3.0～3.9级地震2次，每年发生2级以上地震平均为0.44次，而水库蓄水前10年内研究区域内也仅发生过7次2.0～2.9级、1次3.1级地震，说明该区域地震活动水平较低，属于地震活动相对弱的地区。

（四十九）光照水库

光照水库（见图2-74）位于贵州省关岭、晴隆两县交界的北盘江中游，海拔600余米。为北盘江站的"龙头"，坝址以上流域面积13 548平方千米，年平均流量257立方米每秒，正常水位745米，水库回水长度69千米，水库面积51.54平方千米，总库容32.45亿立方米，正常蓄水位相应库容31.35亿立方米，调节库容20.37亿立方米，为不完全调节水库。是以发电为主，兼顾航运、灌溉、供水及其他的水利工程。电站装机容量1 040兆瓦，年平均发电量27.54亿千瓦时。

光照水库大坝分为20个坝段，坝顶全长410米，坝体最大底宽159.05米，溢流坝段坝顶平台宽35.2米，非溢流坝段坝顶宽12米。

图2-74　光照水库（黔源电力供）

光照水库枢纽由混凝土重力坝、引水系统及地面发

电厂房等组成。混凝土重力坝坝顶高程 750.5 米，最大坝高 195.50 米，泄水建筑物由表孔和底孔组成。发电引水系统布置在右岸，引水隧洞平均长 545 米。电站共安装 4 台机组，总装机容量 1 040 兆瓦。

光照水库工程于 1983 年进入初勘阶段；1989 年进入初设阶段；1995—1996 年进入正式设计阶段；2000 年，光照水库建设工程被正式列为国家"西电东送"的重点工程建设项目。2003 年 5 月开始前期施工准备工作，2004 年 10 月大江截流，2007 年 12 月 30 日下闸蓄水。通过对碾压混凝土筑坝技术的研究，成功地将常态混凝土重力坝转型为碾压混凝土重力坝，建成了 200.5 米高的世界级的碾压混凝土重力坝。

（五十）威后水库

威后水库（见图 2-75）坝址位于广西壮族自治区西林县普合乡那后村，是驮娘江 11 个梯级规划的第一级，也是西林驮娘江梯级开发的最大一级，为引水式电站。坝址控制流域面积 1 929 平方千米，正常蓄水位 685.00 米，死水位 654.50 米，调洪库容 140.75 万立方米，校核洪水位 685.24 米，总库容 1.33 亿立方米，多年平均径流量 7.67 亿立方米。设计洪水标准 100 年一遇，校核洪水标准 1 000 年一遇，其相应泄量分别为 1 860 立方米每秒、1 320 立方米每秒。电站多年平均发电量 1.488 亿千瓦时。

图2-75　威后水库（布依河摄）

威后水库主要由碾压混凝土拱坝、左右岸推力墩、泄洪建筑物、发电引水系统、电站厂房、升压变电站组成。碾压混凝土拱坝采用双曲拱坝，中曲面拱冠处最大曲率半径 169.65 米，最小曲率半径 103 米，坝顶上游弧长 271.31 米，最大坝高 77 米，坝顶厚 6.7 米，坝底拱冠处厚 18 米，拱坝呈不对称布置。泄洪建筑物采用 2 个泄洪表孔和 1 个泄洪中孔，堰面采用 WES 堰型。消能采用水流跌入水垫塘方式，水垫塘长 80 米。发电引水系统由引水渠、进口段及洞身组成，全长 5 284 米，电站厂房为地面厂房。

工程于 2004 年 11 月正式开工建设，2005 年 3 月 22 日截流成功；2005 年 11 月坝体开始浇筑；2007 年 11 月第一台机组试运行，12 月第二台机组试运行；2008 年 8 月工程全部建成。

（五十一）桥巩水库

桥巩水库（见图 2-76）位于广西壮族自治区来宾市兴宾区迁江镇，在来宾市境内的红水河干流上。水库最大泄洪流量 31 900 立方米每秒，设计洪水标准 100 年一遇，校核洪水标准 1 000 年一遇，校核洪水位 97.9 米，设计洪水位 93.15 米，死水位 82 米。总库容 90 300 万立方米，兴利库容 2 700 万立方米，死库容 16 400 万立方米，正常蓄水位相应水面面积 14.71 平方千米。电站装设 8 台单机容量 57 兆瓦，总容量 456 兆瓦的灯泡贯流式水轮发电机组。

图2-76　桥巩水库（《广西水利水电》供）

水库建筑物包括 11 闸孔，孔宽 15.0 米，堰高程 60.0 米，堰顶设平板钢闸门，坝顶桥面高程 101.6 米，最大坝高 69.6 米，泄水闸坝全长 215.0 米；厂房内安装 8 台单机容量 57 兆瓦的灯泡贯流式水轮发电机组；船闸为单级船闸，按 500 吨顶推船队设计，满足五级航道标准；在泄水闸右侧和船闸左侧分别布置 73.0 米和 40.0 米长的混凝土重力坝，坝顶高程 101.6 米，坝顶宽分别为 19.8 米和 12.0 米。

桥巩水库于 2005 年 3 月动工兴建，2008 年 7 月第一台机组投产发电，2009 年竣工。

（五十二）旺村水利枢纽

旺村水利枢纽（见图 2-77）位于广西壮族自治区梧州市长洲区倒水镇下游桂江河段，是一座以发电、航运为主，兼顾防洪的大（2）型水利工程。旺村水利枢纽坝址以上控制集雨面积 18 261 平方千米，设计洪水标准 50 年一遇，校核洪水标准 200 年一遇，校核洪水位 31.26 米，设计洪水位 28.31 米，死水位 17.5 米。总库容 4.63 亿立方米，兴利库容 0.31 亿立方米，死库容 0.175 亿万立方米，正常蓄水位相应水面面积 17 761 平方千米。电站装机容量 60 兆瓦，年利用小时数 3 957 小时，多年平均发电量 237.4 吉瓦时；船闸按通航 1+2×120 吨级船队及 300 吨单船设计。

图2-77　旺村水利枢纽（《广西水利水电》供）

枢纽主要由泄水闸、混凝土重力坝、土坝、厂房上游挡水建筑物、船闸等组成。溢流坝为混凝土实体重力坝，溢流堰型为宽顶堰，设 16 孔净宽为 14.0 米的溢流闸孔。坝顶总长 277.0 米，堰顶高程 6.0 米，坝顶高程 34.0 米，最大坝高 46.3 米，下游接底流式消力池。电站厂房为河床式发电厂房系统，装机容量 3×20 兆瓦，电站保证出力 13.89 兆瓦，多年平均发电量 237.40 吉瓦时。船闸位于右岸，设计通航一拖 2×120 吨级船队及 300 吨单船。左岸接头重力坝坝长 38.5 米，坝顶高程 34.0 米，最大坝高 35.2 米，坝顶桥面宽 6.5 米。右岸门库重力坝坝长 35.0 米，坝顶高程 34.0 米，最大坝高 35.45 米，坝顶宽 21.15 米。右岸土坝为黏土均质土坝，总长 165.21 米，坝顶高程 34.0 米，最大坝高 24.0 米，坝顶宽 7.5 米。上坝公路位于船闸右侧，与右岸接头土坝相连。

旺村水利枢纽于 2007 年开工，2008 年 5 月 31 日遭遇超设计标准的施工洪水，致使基坑进水，工程暂时停工，2008 年 8 月 31 日工程恢复施工；2008 年 11 月 3 日再度遭遇超设计标准的施工洪水，基坑再次进水，工程又被迫停工。2008 年 11 月 23 日开始基坑抽水、清淤工作。大坝厂房混凝土于 2008 年 12 月开始施工，2012 年 6 月船闸试通航，2013 年 11 月首台机组并网发电。

（五十三）浩坤水库

浩坤水库（见图 2-78）位于广西壮族自治区凌云县伶站乡澄碧河上，为澄碧河第三个梯级。坝址多年平均流量 29.9 立方米每秒，上游集雨面积 1 092 平方千米，总库容 3.24 亿立方米，有效库容 4 500 万立方米。水电站发电装机容量 2.55 万千瓦，年发电量 6 962.4 万千瓦时，工程集防洪、蓄水、发电为一体。

图2-78 浩坤水库（黄娟摄）

工程主要包括地下拱坝、地下厂房、发电隧道、溢洪隧道、交通隧道和送变电工程等。

大坝设置在浩坤天窗下游约 50 米的暗河上，为定圆心、定半径薄壁高拱坝，立面似一花瓶形。泄洪建筑物布置于大坝的左侧，泄洪流量为 584.5 立方米每秒。泄洪洞分 3 段布置，上游进口段布置于浩坤天窗的左侧，进口高程 344 米，圆形洞径 8.0 米；为与导流隧洞相结合，出口位于坝线下游 192 米处的暗河上，出口高程 316 米，水平投影长 237.52 米。中段位于浩坤暗河坝址下游的暗河伏流段上，长 38 米，洞径 8.0 米，进、出口高程为 308 米。下游段分为 2 个部分，一部分利用岩流天窗下游天然的暗河泄洪；另一部分将已有的人工 2 米 ×3 米的排洪洞扩宽为洞径 7.63 米的泄洪洞。

浩坤水库是凌云县喀斯特地区建设的典型项目，早在 20 世纪 60 年代凌云县就开始进行勘察兴建，由于位于喀斯特地区，水文工程地质条件十分复杂，给勘测工作带来很大难度，因而兴建工作一直拖而不建，到了 80 年代改革开放时期，《凌云县浩坤水库堵洞成库可行性报告》通过了评审，柳州水电勘测设计院对项目进行了优化设计。该项目是通过招商引资由百色市三元水电开发有限公司承建。于 2005 年 3 月 9 日动工兴建，到 2008 年 9 月蓄水发电。2009 年 3 月进行电站泄洪洞建设，2009 年 10 月完工。

（五十四）龙滩水库

龙滩水电工程位于红水河上游的广西壮族自治区河池市天峨县境内，是国家实施西部大开发和"西电东送"重要的标志性工程，是南盘江红水河水电基地 10 级开发方案的第四级，是红水河开发的控制性水库。流域面积 98 500 平方千米，占总流域面积的 71%，坝址多年平均径流量 517 亿立方米。前、后期总库容分别为 162.1 亿立方米、272.7 亿立方米，调节库容分别为 111.5 亿立方米、205.3 亿立方米，前期为年调节水库，后期则跨入多年调节。龙滩水库按正常蓄水位 400 米设计、375 米建设，前、后期装机容量分别为 420 万千瓦、630 万千瓦，占红水河 10 级总容量

图2-79　龙滩水库（《人民珠江》供）

的 35% 与 40%；前、后期年发电量分别为 156.7 亿千瓦时与 187.1 亿千瓦时。

　　龙滩水库枢纽（见图 2-79）由挡水建筑物、泄水建筑物、引水发电系统及通航建筑物组成。拦河大坝为碾压混凝土重力坝，装机 9 台的地下发电厂房系统布置于左岸山体内，通航建筑物布置在右岸。大坝坝轴线为折线型，主河床段坝轴线与河流流向接近垂直，右岸通航坝段右侧坝轴线向上游折转 30°，左岸进水口坝段坝轴线向上游折转 27°。前期坝顶高程 382.00 米，最大坝高 192.00 米，坝顶长 761.26 米；后期坝顶高程 406.50 米，最大坝高 216.50 米，坝顶长 849.44 米。

　　1993 年 7 月 18 日，国家计委批复了龙滩水库利用外资可行性研究报告。1997年 10 月，属于龙滩水库前期工程的龙滩大桥建成。1999 年 12 月 26 日，龙滩水电开发有限公司在南宁成立，龙滩工程由此明确了投资项目法人。2000 年 11 月 3 日，龙滩水库前期工程"场内右岸公路"开工。2001 年 7 月 1 日，主体工程开工。2003 年11 月 6 日实现大江截流；2006 年 9 月 30 日下闸蓄水，2007 年 7 月 1 日第一台机组发电；2009 年 12 月 7 台机组全部投产。

　　（五十五）长洲水利枢纽

　　长洲水利枢纽（见图 2-80）坝址位于梧州市长洲区长洲镇，水库坝址控制流域面积 30.86 万平方千米，多年平均流量 6 120 立方米每秒，100 年一遇洪峰流量为48 700 立方米每秒，1 000 年一遇洪峰流量为 57 700 立方米每秒，2 000 年一遇洪峰流量为 60 300 立方米每秒，正常蓄水位 20.60 米，死水位 18.60 米，汛期限制水位18.60 米，总库容 56.0 亿立方米，正常蓄水位时库容 18.6 亿立方米。是一座以发电为主，兼顾航运、灌溉和养殖等综合利用效益的大型水利枢纽。

图2-80　长洲水利枢纽（何华文摄）

　　长洲水利枢纽工程等别属Ⅰ等工程，工程规模为大（1）型。枢纽主要建筑物有船闸、混凝土泄水闸、混凝土重力坝、左右岸接头坝、碾压土石坝、河床式厂房、开关站及鱼道等。长洲水库属低水头径流式水利枢纽，主要建筑物从左至右为内江左岸土石坝段、左岸接头重力坝段、开关站、厂房、12孔泄水闸、右岸接头重力坝段。长洲岛土石坝段：中江左岸接头重段、15孔泄水闸、右岸接头重力坝段；泗化洲岛土石坝段：外江开关站、过鱼道、厂房、16孔泄水闸、右岸接头重段、双线船闸、右岸土石坝段。坝顶全长3 469.76米，坝顶高程除江船闸及右岸接头重力坝段桥面系统为37.9米外，其余为34.4米，最大坝高56.0米。枢纽工程泄水闸、电站厂房及连接左右岸的重力坝和碾土坝、鱼道首部（挡洪闸）按100年一遇洪水设计，校核洪水标准类建筑物采用1 000年一遇，碾压土坝按2 000年一遇洪水校核，防冲建筑物的设计洪水标准采用50年一遇。

　　2000年11月16日，梧州市委、市政府决定成立长洲水利枢纽筹备建设领导小组。

　　虽然进入21世纪后长洲水利枢纽才开建，但实际上该工程的筹建工作在20世纪80年代中期时就开始了。当时根据发展的需求，共青电站的技术干部张具瞻等带着在梧州建设水电站的这一使命踏上了征程。为此，他跑遍了梧州市的山山水水，最后把目光锁定在养育了一代代梧州人的西江上，并在1978年梧州市召开第一次科技大会上提出了建设长洲水利枢纽的构想。此后，张具瞻和一批热心于梧州发展、致力梧州一定要建设大型水利枢纽工程的专家及领导便为此奔走了二十多个春秋。

（五十六）董箐水库

董箐水库（见图 2-81、图 2-82）位于贵州省镇宁县与贞丰县交界的北盘江上，工程以发电为主，电站装机容量 880 兆瓦，年设计发电量 30.26 亿千瓦时，工程规模为大（2）型。董箐水库坝址控制流域面积 19 693 平方千米，水库正常蓄水位 490 米，死水位 483 米，总库容 9.55 亿立方米，属日调节水库。董箐水库按 5 000 年一遇洪水校核，校核洪水位 493.08 米，下泄流量 13 330 立方米每秒；500 年一遇洪水设计，设计洪水位 490.70 米，下泄流量 11 478 立方米每秒。

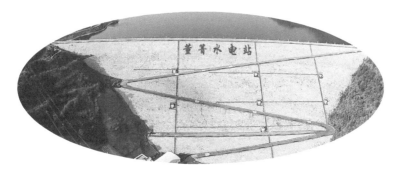

图 2-81　董箐水库大坝（《人民珠江》供）

图 2-82　董箐水库库区（《人民珠江》供）

工程枢纽由钢筋混凝土面板堆石坝、左岸开敞式溢洪道、右岸放空洞、右岸地面式引水发电系统及左、右岸导流洞等建筑物组成。钢筋混凝土面板堆石坝最大坝高 150 米，坝顶高程 494.5 米，坝顶全长 678.63 米，上游坝坡 1∶1.4，下游综合坡比 1∶1.5。溢洪道控制段距大坝左坝肩约 60 米，分别由引水明渠段、控制段、泄槽段及消能工组成。厂房采用坝后式右岸地面厂房，厂内安装 4 台水轮发电机组，总装机容量 880 兆瓦，主厂房长 137.0 米、宽 25.5 米、高 67.62 米，机组安装高程 359.6 米。

工程于 2005 年 3 月 28 日正式开工，2006 年 11 月 15 日实现截流，2009 年 8 月 20 日下闸蓄水，2009 年 12 月 1 日首台机组发电，2009 年 12 月 18 日第二台机组发电，2010 年 6 月 1 日第三台、四台机组发电，2010 年 6 月工程基本完工。2011 年 8 月水库达到或超过正常蓄水位，工程没有出现任何设计和施工质量问题，各项监测数据稳定、正常。

（五十七）黄花寨水库

图2-83　黄花寨水库（光厂老羊记画）

黄花寨水库（见图 2-83）位于贵州省黔南布依族苗族自治州长顺县敦操乡蒙江干流格凸河上，是格凸河干流的第三个梯级。黄花寨水库正常蓄水位 795.5 米，水库总库容 1.748 亿立方米，坝址以上流域面积 2 163 平方千米，属大（2）型水库，电站装机容量 2×30 兆瓦，年发电量 2.215 亿千瓦时。坝址以上集水面积 2 163 平方千米，多年平均降水量 1 295.4 毫米，多年平均径流深 583 毫米。

水库主要建筑物有挡水建筑物、汇水建筑物、发电引水建筑物及发电厂房等。碾压混凝土双曲拱坝坝顶高程 800.0 米，坝顶宽度 6.0 米，最大坝高 110.0 米。泄水建筑物为坝顶表孔，堰顶高程 789.5 米，分 3 孔，各设 1 扇 10.0 米 ×6.0 米加弧形工作闸门。底孔设在河床偏左岸，进口底板高程 715.0 米，进口尺寸 3.0 米 ×4.0 米，设 3.0 米 ×3.0 米的弧形工作钢闸门。发电厂房为地面厂房，主厂房尺寸 43.6 米 ×17.4 米，副厂房位于厂房之后，开关站及主变场位于副厂房之后。

工程于 2005 年正式动工建设，在工程建设期间多次停工，通过资产重组，于 2010 年 3 月正式复工，并于同年 12 月两台机组同时并网发电。

（五十八）右江鱼梁航运枢纽

右江鱼梁航运枢纽（见图 2-84）位于广西壮族自治区百色市田东县城下游，是郁江干流综合利用规划的第五个梯级。坝址控制流域面积 28 926 平方千米，正常蓄水位 140.5 米，死水位 139.5 米，总库容 6.11 亿立方米，坝址多年平均径流量 109 亿立方米，多年平均流量 295 立方米每秒。电站装机容量 3×20 兆瓦。枢纽以航运为主，结合发电，兼顾灌溉、供水、水产及其他。

图2-84　右江鱼梁航运枢纽（《广西水利水电》供）

鱼梁航运枢纽主要建筑物包括右岸混凝土接头坎、电站厂房、9孔溢流坝、船闸和左岸混凝土接头坝等。船闸布置于左岸，右侧依次为非溢流坝、7孔溢流坝、纵向导墙、2孔溢流坝、电站厂房和刺墙。右江航道规划为三级航道，鱼梁航运枢纽船闸规模定为四级，设计通航标准为通航2×1 000吨，顶推船队及1 000吨货船，船闸尺寸为190.0米×23.0米×3.5米，年运输能力为904万吨。9孔溢洪坝，单孔净宽16.0米，溢流堰采用宽顶堰，堰顶高程38.5米，采用弧形闸门，最大泄量12 700立方米每秒，消能方式为底流消能。

工程于2010年2月开工，2011年12月3日实现大江截流，12月28日实现船闸通航，2012年3月15日，实现首台机组并网发电，2013年12月交工，进入试运行阶段。2009年10月27—28日，右江鱼梁航运枢纽工程初步设计审查会在南宁召开，工程初步设计通过审查。2010年2月，主体工程开工建设。2012年8月3日，右江鱼梁航运枢纽右岸2号机组顺利完成了72小时试运行；同年9月22日下午，右江鱼梁航运枢纽第3号机组顺利通过72小时试运行，正式并网发电。至此，右江鱼梁航运枢纽3台机组全部实现并网发电，标志着右江鱼梁航运枢纽顺利实现"三大目标"（截流、通航、发电）。

（五十九）那吉航运枢纽

那吉航运枢纽（见图2-85）位于广西壮族自治区百色市田阳区那坡镇境内右江河道上，是国务院批准的郁江综合利用规划10个梯级中的第四个梯级，是百色水利枢纽的反调节水库。最大泄洪流量11 000立方米每秒。坝顶高程121.5米，设计洪水标准50年一遇，校核洪水标准500年一遇，校核洪水位117.59米，设计洪水位109.87米，死水位114.4米。总库容15 800万立方米，兴利库容900万立方米，死库容9 400万立方米，正常蓄水位115.00米，正常蓄水位相应水面面积17.27平方千米。那吉航运枢纽是以航运为主，兼顾防洪和发电的大（2）型水利工程。

图2-85　那吉航运枢纽（《广西水利水电》供）

枢纽坝高 27.5 米，那吉航运枢纽船闸和电站厂房集中布置于右岸，电站厂房装机 3 台单机 22 兆瓦的灯泡贯流式机组，所占河床宽度为 47.64 米。厂房以左布置 10 孔溢流坝，孔口净宽均为 16 米，所占河床宽度为 196 米。船闸靠右岸边布置在右汊河边，闸室位于坝轴线下游侧，船闸有效尺寸为 190 米×12 米×3.5 米，下闸首门槛底高程 96.5 米。上游引航道直线段长 560 米，底宽 45 米，底高程 105.9 米，右侧主导航墙长 160 米。下游引航道直线段长 560 米，底宽 45 米，底高程 96.5 米。溢流坝段用纵向导墙兼作纵向围堰将工程分为 2 期施工，一期施工船闸、电站厂房和 3 孔溢流坝，二期施工左 7 孔溢流坝。

枢纽工程于 2005 年 1 月开工建设，护岸工程 2012 年通过交工验收，于 2014 年 4 月 29 日整体通过竣工验收。

（六十）马马崖一级水库

马马崖一级水库（见图 2-86）位于北盘江中下游，地处贵州省关岭县花江大桥上游峡谷处，坝址左岸尖山有修筑到花江镇的三级公路。马马崖一级水库坝址控制流域面积 16 068 平方千米，多年平均流量 307 立方米每秒。水库正常蓄水位 585 米，相应库容 1.365 亿立方米，死水位 580 米，调节库容 0.731 亿立方米，水库具有日调节性能。电站装机容量 558 兆瓦，安装 3 台单机容量为 180 兆瓦的水轮发电机组和 1 台容量为 18 兆瓦的生态流量机组，电站保证出力 97 兆瓦，年利用小时数 2 797 小时，年发电量 15.61 亿千瓦时。

马马崖一级水库碾压混凝土重力坝最大坝高 109 米，坝顶高程 592 米，坝顶全长 247.2 米。在河床溢流坝段设 3 孔 14.5 米×19 米的溢流表孔，堰顶高程 566 米。厂房布置在左岸山体内，为地下厂房，引水系统布置于左岸，采用一洞一机供水方式，单机引水流量 297.5 立方米每秒。尾水隧洞平均长约 80 米，断面为 9.5 米×15.24 米城门洞形。

图2-86　马马崖一级水库（《人民珠江》供）

马马崖一级水库工程于2011年11月中旬实现大江截留，2013年10月下闸蓄水，2013年底首台机组发电，2014年3月第二台机组发电，2014年6月基本完建。

（六十一）小溶江水库

小溶江水库（见图2-87）位于漓江上游一级支流小溶江上，坝址位于广西壮族自治区桂林市灵川县三街镇小溶江与漓江汇合口以上。小溶江水库坝址控制流域面积264平方千米，正常蓄水位267米，死水位221米，调洪库容3 120万立方米，校核洪水位268.15米，总库容1.52亿立方米，多年平均径流量4.95亿立方米。电站装机容量16.6兆瓦，以城市防洪和漓江生态环境补水为主，结合发电等综合利用。

图2-87　小溶江水库（《人民珠江》供）

水库工程由拦河坝、坝后式厂房、消力池等建筑物组成。拦河坝为碾压混凝土重力坝，坝顶高程271.50米，最大坝高89.5米，顶宽7米，坝顶总长255米，由左岸非溢流坝段、右岸非溢流坝段和溢流坝段3个坝段共10个坝块组成。左岸非溢流坝段长93米，由1～4号坝块组成，1号坝块长18米，2～4号坝块长均为25米。右岸非溢流坝段长123米，由6～10号坝块组成，6～9号坝块长度均为25米，10号坝块长23米。

主体工程于2010年3月开工建设，2010年11月19日截流，2014年11月完成枢纽金属结构设计工作，2015年8月下闸蓄水。

（六十二）老口航运枢纽

广西郁江老口航运枢纽（见图2-88）工程位于郁江上游南宁市郊区，为邕江流域梯级开发中的第七个梯级，坝址位于左、右江汇合口下游龙山屯。老口航运枢纽工程控制集雨面积7.23万平方千米，占邕江南宁以上集雨面积的99.5%，水库总库容22.4亿立方米，设置防洪库容1.63亿立方米，正常蓄水位75.5米，利用水库壅高水头发电，可安装发电机组16万千瓦，为防洪、发电、航运并重的综合利用枢纽。

图2-88　广西郁江老口航运枢纽（唐丹岚摄）

该工程等别为Ⅰ等，坝轴线总长1 565米，从左至右的建筑物布置依次为左岸接头土坝、门库坝、船闸、连接重力坝、泄水闸坝、电站厂房、右岸混凝土重力坝及右岸接头土坝，鱼道布置在厂房右侧，从右岸混凝土重力坝中间穿过。近库右岸还布置有土石副坝6座。工程施工导流采用分期导流方式。一期同时进行左岸船闸、右岸厂房和4孔泄水闸坝的施工，利用左岸河道导流和通航；二期进行左岸9孔溢流坝的施工，利用一期建好的右岸 4 孔泄水闸坝导流，同时利用二期围堰初期蓄水发电和船闸通航。老口航运枢纽工程设 13 孔溢流堰泄洪，单孔溢流净宽 22 米，溢流堰总净宽 286 米。中墩厚 3.2 米，边墩厚 3 米，一、二期施工分界的导流墩宽度为 8 米。泄水闸坝总长 335.2 米。

广西邕江老口航运枢纽工程 2011 年开始施工，2013 年 11 月底，在土建方面，左岸船闸主体上下闸首、闸室及上下游引航道等部位混凝土浇筑施工，右岸主体工程进行一期 4 孔泄水闸坝、厂房及重力坝的施工。2013 年 12 月中旬，左岸船闸和右岸电厂的部分设备陆续运输进场并进行安装，2014 年 1 月进入金属结构及设备安装阶段。2014 年 1 月基本完成左岸船闸主体工程、右岸厂房、安装间及一期 4 孔泄水闸坝土建施工任务，进入金属结构及设备安装阶段；2014 年 5 月左岸船闸具备通航条件、右岸发电厂房第一台机组具备发电条件；2014 年 9 月下旬开始二期截流，进行 9 孔泄水闸坝的施工；2015 年 12 月全部工程竣工。

（六十三）斧子口水库

斧子口水库（见图 2-89）位于广西壮族自治区桂林市兴安县溶江镇，为广西桂林市防洪及漓江补水枢纽重点工程之一。水库坝址以上集水面积 314 平方千米；坝址以上主河道长 43 千米。漓江流域属中亚热带季风气候区，气候温暖湿润，雨量充沛。坝址全年最多风向是东北风，多年平均风速为 3 米每秒，多年平均最大风速为 21 立方米每秒。斧子口水库总库容 1.88 亿立方米，设计正常蓄水位 267 米，临时淹没线为 272 米，工程等别为 II 等，属大（2）型水库。水库是桂林市控制性水利枢纽之一，是一座以防洪、补水为主，兼顾发电的水利工程。

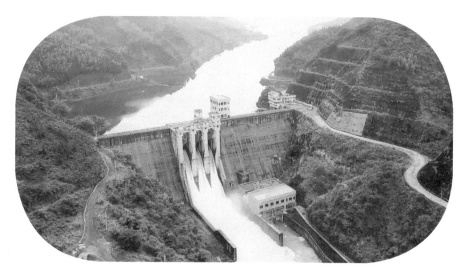

图2-89 斧子口水库（《人民珠江》供）

斧子口水库坝型由拦河大坝及电站厂房两部分组成。大坝为碾压混凝土重力坝，最大坝高 76.5 米，顶宽 7 米，坝顶高程 271.5 米，坝顶总长 239 米，由两岸非溢流坝段和中间溢流坝段组成。左岸非溢流坝段长 123 米，右岸非溢流坝段长 77 米。中间溢流坝段总长 39 米，坝身设置 3 个表孔，表孔设有胸墙。大坝泄水消能采用底流消能，消力池底板顶高程 197.5 米，池深 10.5 米，底板厚 4 ~ 5.5 米，尾坎顶高程 208 米，消力池长 80 米、宽 35 米。电站为坝后式地面厂房，厂房在河床左侧，内设 2 台发电机组，2 台发电机组共用 1 根管道供水。主厂房有 2 台水轮发电机组，单机容量 7.5 兆瓦，水轮机安装高程 206.50 米。副厂房布置在主厂房上游侧厂坝间平台上，长 36.1 米，宽 15.64 米。

水库于 2011 年 12 月 21 日开工建设，2013 年 11 月 17 日实现大江截流，2016 年 12 月大坝碾压混凝土封顶，2018 年 1 月 17 日开始正式下闸蓄水。斧子口水库蓄水后，可向漓江补水。平均出库水量 11 141 万立方米，桂林市有效补水量 8 256 万立方米；与青狮潭、小溶江、川江水库联合运行，可将桂林市区漓江河段防洪能力由现在的 20 年一遇提高到 100 年一遇；可新增装机容量 1.50 万千瓦，多年平均发电量 5 178 万千瓦时。

（六十四）瓦村水库

瓦村水库（见图 2-90）工程坝址位于郁江上游右江河段田林县境内、驮娘江与西洋江汇合口处的瓦村水文站附近峡谷中，属百色市管辖。

瓦村水库工程坝址位于郁江上游右江河段田林县境内，是郁江综合利用规划的第二个梯级，水库总库容 5.36 亿立方米，有效库容 2.25 亿立方米，装机容量 230 兆瓦，多年平均发电量 6.996 亿千瓦时，属 II 等工程。主要建筑物级别为

图2-90　瓦村水库（《人民珠江》供）

二级，拦河坝的设计洪水标准为 500 年一遇，校核洪水标准为 2 000 年一遇，是一座以发电为主，兼顾供水、防洪、航运等综合利用的工程。

瓦村水电枢纽主要建筑物由拦河坝、溢洪道、发电厂房等组成。拦河坝为碾压

混凝土重力坝，坝顶高程 311 米，最大坝高 105 米，坝顶总长 365 米。溢洪道布置于拦河大坝下游约 900 米右岸山体垭口处，溢洪道由河道整治段、引水渠、闸室、泄槽及出口段等建筑物组成。溢洪道泄槽长 118.06 米，底坡 25%，断面为矩形，底宽 81 米，底板混凝土衬砌厚 2 米，左、右边墙均为重力式挡墙，高 10 米。斜面升船机按照七级航道标准设计，设计最大船舶吨级 50 吨，设计的水库正常蓄水位 307 米。瓦村水库设计洪水流量大，校核洪水流量达 9 820 立方米每秒。

2011 年 11 月 22 日，瓦村水库正式开工建设。11 月 22 日上午，开工庆典仪式在百色市田林县弄瓦村隆重举行。2016 年 5 月 18 日，瓦村水库成功实现大江截流，进入大坝主体工程施工阶段。2018 年 12 月 25 日工程竣工。

（六十五）邕江水利枢纽

邕江水利枢纽（见图 2-91）位于西江水系郁江的下游，坝址以上集雨面积 75 801 平方千米，多年平均径流量 406 亿立方米。正常蓄水位 67 米，设计洪水位 76 米，校核洪水位 78.39 米，总库容 7.1 亿立方米，邕宁水库设计洪水标准为 100 年一遇，设计洪水位 76.59 米，校核洪水标准为 1 000 年一遇，校核洪水位 78.42 米，正常蓄水位和死水位均为 67.00 米，死库

图2-91 邕江水利枢纽（广西南宁院供）

容 3.05 亿立方米。电站装机容量 57.6 兆瓦。枢纽工程等别为 II 等，船闸级别为二级。

邕宁水库主要由拦河坝、船闸、泄水闸、发电厂房及进厂道路组成。拦河坝坝顶高程 81.8 米，最大坝高 37.8 米，坝顶长 305.0 米；溢洪道堰顶高程 55.0 米，设 13 孔，单孔尺寸为 20.0 米 × 12.0 米；船闸为二级航道，尺寸为 250.0 米 × 34.0 米 × 5.8 米，设计最大船只通航标准为 2 000 吨，年运输能力 1 720 万吨。电站 6 台，总装机容量 5.76 万千瓦，年平均发电量 2.27 亿千瓦时。

工程主体工程自 2013 年 3 月开工建设，2015 年 11 月围堰合龙，2018 年 6 月完成下闸蓄水验收并投入蓄水运行，2018 年 12 月首台机组完成投入使用验收正式运行，其后 2 号 ~ 5 号机组陆续完成验收投入运行；第 6 号机组是枢纽电厂设计装机的最

后一台，2020年4月9日通过验收并投入运行。邕宁水利枢纽在保障南宁市防洪排涝安全的前提下，通过适当抬高邕江河段水位，改善南宁市城市环境和水景观，解决西津至老口河段航运水位衔接问题，以及打造西江"黄金水道"具有重要意义。

（六十六）黄家湾水利枢纽

黄家湾水利枢纽（见图2-92）位于贵州省安顺市紫云苗族布依族自治县板当镇境内格凸河中游，是珠江流域红水河水系蒙江一级支流的主源，是大型综合利用型水利工程，主要任务是以城乡生活供水、工业供水、农业灌溉为主，并结合发电。工程为Ⅱ等大（2）型工程，为年调节水库，设计防洪标准为100年一遇，校核防洪标准为2 000年一遇，设计洪水位1 056.26米，校核洪水位1 057.27米，正常蓄水位1 055.00米，死水位1 035.00米，总库容1.573亿立方米，兴利库容0.874亿立方米。

图2-92　黄家湾水利枢纽（吴忠贤摄）

黄家湾水利枢纽主要建设内容包括混凝土面板堆石坝主坝、混凝土重力坝副坝、泄水建筑物、供水灌溉发电引水建筑物、发电建筑物等。主坝最大坝高81.0米，坝顶长360.2米；溢洪道为开敞式WES实用型，挑流消能；泄洪洞采用圆拱直墙式无压隧洞；电站装机3台，装机容量分别为2台9.75兆瓦、1台4.5兆瓦，总装机容量24兆瓦，多年平均发电量5 643万千瓦时。

2016年5月27日，国家发改委正式批复黄家湾水利枢纽工程可行性研究报告。2016年6月30日，贵州黄家湾水利枢纽工程暨2016年全省第二批骨干水源工程集中开工大会在紫云苗族布依族自治县黄家湾水利工程坝址举行，计划总工期48个月，工程总投资29.99亿元。2018年10月9日，贵州省黄家湾水利枢纽工程截流仪式在紫云苗族布依族自治县举行，标志着黄家湾水利枢纽工程顺利截流并进入新的阶段。

（六十七）大藤峡水利枢纽

大藤峡水利枢纽（见图2-93）工程坝址位于珠江流域黔江河段大藤峡峡谷出口

桂平市郊。大藤峡水利枢纽正常蓄水位 61.0 米，汛期洪水起调水位和死水位 47.6 米，防洪高水位和 1 000 年一遇设计洪水位 61.0 米，10 000 年一遇校核洪水位 64.23 米；水库总库容 34.79 亿立方米，防洪库容和调节库容均为 15 亿立方米，具有日调节能力；电站装机容量 1 600 兆瓦，多年平均发电量 72.39 亿千瓦时；船闸规模按二级航道标准、通航 2 000 吨级船舶确定；控制灌溉面积 136.66 万亩，补水灌溉面积 66.35 万亩。

图2-93 大藤峡水利枢纽（大藤峡公司供）

大藤峡水利枢纽为大（1）型 I 等工程，主要由黔江混凝土主坝（挡水坝段、泄水闸坝段、厂房坝段、船闸上闸首坝段、船闸检修门库坝段、纵向围堰坝段等）、黔江副坝和南木江副坝等组成。枢纽主要建筑物黔江混凝土主坝、黔江副坝和南木江副坝等为一级建筑物，坝顶高程 64.0 米，最大坝高 80.01 米，坝顶长 1 243.06 米，自右向左依次布置右岸挡水坝段、鱼道坝段、右岸厂房坝段（5台机组）、泄水闸坝段、左岸厂房坝段（3台机组）、船闸坝段、船闸门库坝段等建筑物；左岸高程不足的山脊上布置黔江副坝，最大坝高 30.0 米，坝顶长 1 239.0 米；南木江河口布置南木江副坝，最大坝高 39.8 米，坝顶长 647.6 米，即主河床和右岸布置黏土心墙石渣坝，左岸布置生态取水设施、灌溉取水设施及南木江鱼道。船闸闸室和下闸首为二级建筑物，次要建筑物和船闸导航、靠船建筑物等为三级，为国内水头最高的单级船闸，最高挡水 40.25 米，人字闸门高 47.25 米，宽 20.2 米，3 000 吨级船舶一次通过，堪称"天下第一门"。

2014 年 11 月 15 日，工程正式进入建设阶段。2015 年 9 月 19 日，大藤峡主体工程船闸及副坝工程开工建设。9 月 29 日，大藤峡主体工程左岸泄水坝段、左岸厂房工程开工建设。10 月 26 日，大藤峡工程一期导流工程纵向混凝土围堰子堰成功合龙。2016 年 8 月 9 日，大藤峡水利枢纽主体工程首仓混凝土浇筑。2019 年 5 月 20 日，大藤峡水利枢纽右岸主体工程正式启动，8 月 1 日，世界最高的船闸闸门——大藤峡工程船闸下闸首"人"字门主体结构安装完成。2020 年 3 月 10 日，大藤峡水利枢纽正式下闸蓄水，标志着工程投入初期运用，3 月 31 日，船闸试通航启动。2020 年 7 月 31 日，大藤峡水利枢纽工程左岸最后一台机组接入广西电网投产发电，标志着左岸工程全面投产运行。全部工程将于 2023 年建设完成。

图2-94　毛主席题词大藤峡（大藤峡公司供）

二、东、北江及珠三角水系

（一）流溪河水库

流溪河水库（见图2-95），别名小车水库，位于广东省广州市从化区良口镇狭谷处，因主坝横截流溪河干流而得名。流溪河水库集水面积 539 平方千米，多年平均降水量 2 083 毫米，年均来水量 6.88 亿立方米。流溪河水库设计洪水标准为 100 年一遇，校核洪水标准为 1 000 年一遇，设计洪水位 237.60 米，校核洪水位 238.45 米，正常高水位 235.00 米；总库容 3.782 亿立方米，兴利库容 2.39 亿立方米，死库容 0.86 亿立方米。水库大坝为混凝土单拱坝，坝顶高程 240.0 米，坝顶宽 2.0 米，坝顶长 255.5 米，最大坝高 78.0 米。

大坝为混凝土重力坝，设有 7 孔开敞式溢洪道，每孔宽 11.5 米，高 4.0 米，堰顶高程 235.0 米。大坝右岸建泄洪洞 1 条，进口底高程 224.9 米，最大泄量 1 070 立方米每秒。副坝为土坝，原是用于堵塞分水坳水库缺口，黄龙带水库建成后，土坝另一侧为黄龙带水库，变成两侧挡水。坝型为均质土坝，坝顶高程 241.7 米，坝长 220.0 米，坝顶宽 4.0 米，坝基宽 210.0 米，在 1987 年 9 月至 1988 年 3 月对土坝进行维护加固，坝高程为 29.7 米。电站装机 4 台，装机容量共 4.2 万千瓦，多年平均发电量 1.546 亿千瓦时。

工程于 1956 年 8 月动工兴建，1958 年 6 月下闸蓄水，同年 8—12 月 4 台机组先后投入运行。1969 年冬，在从化区吕田镇连麻河的车步建起水库，把车步以上 32 平方千米集雨面积的连麻河引入吕田河，再流入流溪河水库，作为水库的补充水源。1986 年在主坝东侧建成面积 97 平方千米的流溪河国家森林公园，为全国十大森林公园之一。1997 年对

图2-95　流溪河水库（《人民珠江》供）

流溪河水库大坝进行了安全注册，注册级别为甲级。从 2017 年起，流溪河林场开始了生态净水渔业的探索。通过科学的方式方法，定时、定量、定种的投放鱼种，重构水库水体的生态循环系统，进而改善流溪河水库水体水质。

（二）大沙河水库

大沙河水库（见图 2-96）位于广东开平市西北部，潭江二级支流开平水上游，是潭江流域规划中的骨干工程之一。水库集水面积 217 平方千米，多年平均径流量 2.82 亿立方米，防洪标准按 100 年一遇洪水设计，2 000 年一遇洪水校核，正常蓄水位 34.81 米，正常库容 1.568 2 亿立方米，设计洪水位 36.79 米，设计库容 2.17 亿立方米，校核洪水位 37.79 米，总库容 2.58 亿立方米。设计灌溉面积 13.55 万亩，防洪面积 6 万亩，设计年供水量 2.8 亿立方米，供应三埠城区 35 万人口和第二、三产业用水，坝后电站 3 座总装机容量 2 070 千瓦，设计年发电量 450 万千瓦时，是一座以灌溉为主，结合防洪、供水、发电、养殖等综合利用的大（2）型工程。

枢纽工程主要由大坝、正常溢洪道、非常溢洪道、输水洞和坝后电站组成。大坝由 14 座均质土坝组成，最大坝高 24.0 米，坝顶总长 3 492.0 米；主坝坝顶高程 39.0 米，最大坝高 20.0 米，坝顶长 167.0 米，坝顶宽 6.8 米；副坝 13 座，最大坝高 24.0 米，坝顶总长 3 325.0 米；泄洪闸 2 座，其中主泄洪闸 1 孔，净宽 10.0 米，设计下泄流量 140 立方米每秒；非常泄洪闸 2 孔，净宽 18.4 米，设计下泄流量 219 立方米每秒；输水建筑物 5 座，其中主坝输水涵管尺寸 201.6 米；坝后电站 9 座，总装机容量 2 070 千瓦。

水库于 1958 年 11 月动工兴建，1959 年 10 月完成主体工程建设，1961 年 1 月竣工。

水库建成后，经多年运行和维修加固，工程日益完善，灌溉面积扩大到 14.57 万亩。

图2-96　大沙河水库（《人民珠江》供）

（三）镇海水库

镇海水库（见图 2-97）位于广东省开平市苍坡镇的潭江支流镇海水上游，北跨鹤山市境。水库集水面积 128 平方千米，多年平均降水量 1 770 毫米，多年平均径流量 1.216 亿立方米。水库防洪标准按 100 年一遇设计，2 000 年一遇校核。正常高水位 25.81 米，正常库容 0.767 亿立方米，设计洪水位 27.27 米，设计库容 0.946 亿立方米，校核洪水位 28.36 米，总库容 1.096 2 亿立方米。是一座以灌溉为主，结合防洪、供水、发电、养殖等综合利用的大型工程。

图2-97　镇海水库（黄锡球摄）

镇海水库主要建筑物有主坝、3 座副坝、正常溢洪道、非常溢洪道、输水洞及坝后电站。主坝和 3 座副坝均为均质土坝，坝顶总长 418.0 米；主坝坝顶高程 30.5 米，最大坝高 23.4 米，坝顶长 163.5 米；3 座副坝最大坝高 18.3 米，坝顶总长 254.5 米；泄洪闸 1 座，为带胸墙闸式，1 孔，净宽 10.0 米，堰顶高程 20.0 米，最大泄量 180 立方米每秒；非常溢洪道 1 座，堰顶净宽 15.0 米，堰顶高程 26.2 米，最大泄量 113 立方米每秒；输水建筑物 2 座，其中主输水涵管管径 1.4 米，防汛公路长 5.0 千米；坝后电站 1 座，原装机 4 台 500 千瓦，后改造扩建为装机 5 台，总装机容量 750 千瓦。

水库于 1958 年动工，1960 年建成发挥效益。1998 年 1 月至 2003 年 5 月对坝体、泄洪闸、涵管、交通道路、灌区设备、配套设施等进行安全加固。

（四）显岗水库

显岗水库（见图 2-98）位于惠州市博罗县湖镇，因大坝近显岗围村得名。水库位于东江支流沙河上游，集雨面积 295 平方千米，库区面积 16 平方千米，总库容 1.38 亿立方米，正常库容 0.67 亿立方米，死库容 0.004 亿立方米，设计防洪标准 500 年一遇，校核防洪标准 2 000 年一遇。水库设计灌溉面积 10.5 万亩，防洪保护面积 20.6 万亩，年发电量 350 万千瓦时以上，并向博罗中部和西部周边多个乡（镇）提供饮用水、工业用水，直接受益人口 20 多万，是一座以灌溉、防洪并重，兼顾发电、航运、水产养殖综合效益的水库。

图2-98 显岗水库（博罗县水利局供）

显岗水库主、副坝为土坝，主坝长 469 米，最大坝高 19.6 米。副坝 9 座，总长 1 937 米，最大坝高 15.88 米。溢洪道 2 座，净宽分别为 12 米、23.1 米，设 1 孔弧形闸门及 7 孔平板闸门，设计最大泄洪流量分别为 507 立方米每秒、504 立方米每秒。输水涵洞 1 座，直径 2.3 米，设计最大输水流量 28.1 立方米每秒。坝后电站装机容量 1 000 千瓦。

工程于 1959 年 8 月动工兴建，1963 年 7 月竣工；1963 年，主坝右坝头至老河床背水坡 40 ～ 100 米段发现 6 处小喷泉，1965 年建镇压台；1964 年 10 月 13 日受台风袭击，主坝迎水坡有 100 多米的干砌石护坡被风浪卷走，大面积滑坡，12 月改为浆砌石护坡；1973年对主坝、3～8号副坝进行培厚加固；1976年对主坝、3～5号副坝防浪墙加高；1995年冬对原九天闸进行改建；2009—2011年进行水库安全加固工程。

（五）潭岭水库

潭岭水库（见图2-99）位于广东省连州市东部，因水库建在星子镇潭岭村，故名潭岭水库。潭岭水库被誉为"天湖"，是广东省海拔最高（620米）、落差最大（460米）的水库，水库集水面积142平方千米，总库容1.765亿立方米，正常库容1.48亿立方米，工程按100年一遇洪水设计，相应水位644.85米，按1000年一遇校核，相应水位645.70米。正常高水位（亦是防限水位）643.00米，死水位623.00米，兴利库容1.369亿立方米，属多年调节水库。水库是一座以发电为主，兼顾防洪和灌溉等综合利用的水电工程。

图2-99　潭岭水库（邱晨辉摄）

潭岭水库工程属大（2）型工程，工程等别属Ⅱ等，大坝为二级建筑物，坝型为钢筋混凝土重力坝，坝顶高程647.0米，坝顶长157.0米，坝顶宽5.5米，最大坝高47.0米，在大坝的4号坝段高程618米处设有2孔直径2.2米的泄水锥形阀。2孔锥形阀最大泄水量为132立方米每秒。地下式厂房布置在下游左岸，内装有3台单机容量1.25万千瓦、单机最大过水流量3.25立方米每秒的水轮发电机组。总装机容量3.75万千瓦。设计多年平均发电量1.430亿千瓦时，运行后实际多年平均发电量1.68亿千瓦时。

工程于 1965 年 9 月开工建设，1966 年 10 月大坝下闸蓄水，1967 年建成投入使用。1960 年 6 月主坝被洪水冲毁（当时所建为土坝），1965 年重建水库大坝，改建为混凝土重力坝，1966 年竣工。

（六）小坑水库

小坑水库（见图 2-100）位于广东省韶关市曲江区东南部，在祯江支流枫海河上游小坑镇境内。水库集水面积 139 平方千米，年平均降水量 1 650 毫米，多年平均径流量 1.452 7 亿立方米。小坑水库原设计总库容 6 922 万立方米，属中型水库。1980 年批准水库按大（2）型水库进行大坝安全加固，按 100 年一遇洪水设计，可能最大暴雨（PMP）洪水校核，最高洪水位 239.30 米（平大坝坝顶），总库容 1.131 6 亿立方米。2002 年 1 月对小坑水库进行大坝安全鉴定，确认按 500 年一遇洪水设计，5 000 年一遇洪水校核，相应设计洪水位 231.47 米，校核洪水位 234.55 米，总库容 0.844 8 亿立方米。水库仍按大（2）型水库管理。

图2-100 小坑水库航拍（邱晨辉摄）

小坑水利枢纽工程由主坝、泄洪洞、输水洞、坝后电站等建筑物组成。主坝为均质土坝，坝顶高程 239.3 米，防浪墙顶高程 240.6 米，最大坝高 50.3 米，坝顶宽 6.0 米，坝长 104.0 米。泄洪隧洞直径 4.0 米，进口高程 196.0 米，进口事故门为钢平板门，出口工作门为钢弧门。输水（发电）支洞在出口闸门前引出，直径 2.0 米。泄洪洞采用底流消能，1980 年增建第二级消力池。电站装机 4 台机组，总装机容量 200 千瓦，多年平均发电量 600 万千瓦时。

1964 年动工按中型水库规模建设，采用水中填土法筑坝，1969 年建成。1972 年提高水库防洪标准,将大坝培厚并加高 2.5 米。1981 年按可能最大降水的标准加固,大坝再加高 8.3 米,至 1984 年 1 月加固工程竣工,最大坝高 50.3 米。"75·8"河南水灾后,1980 年批准水库按大(2)型水库进行大坝安全加固。2002 年 1 月对小坑水库进行大坝安全鉴定。

(七)南水水库

南水水库(见图 2-101)位于广东省乳源县,北江水系南水河上游,是广东省第二大人工湖。南水水库坝址上游主要有南水、龙溪水 2 条支流汇合,坝址以上流域面积 608 平方千米,总库容 12.805 亿立方米。是以防洪、供水为主,结合发电、灌溉等综合利用的水利枢纽工程。

水库由黏土斜墙堆石坝、泄洪隧洞、发电引水隧洞、地下厂房及附属建筑物组成。大坝按一级建筑物设计,坝顶长 215.0 米,原设计最大坝高 80.2 米,1989 年加高 1.1 米,现最大坝高 81.3 米,坝顶高程 225.9 米,防浪墙

图2-101 南水水库(邱晨辉摄)

高 1.7 米。泄洪洞布置在大坝左岸,为深水有压式,洞径 5.4 米,最大泄流量 436 立方米每秒,进口有平板定轮闸门(4.0 米 × 8.7 米),出口为弧形闸门(4.9 米 × 4.15 米)。发电引水进水口布置在大坝右岸,底槛高 181.75 米,全洞长 4 079.1 米。地下式厂房布置在水库下游右岸,原装 3 台单机容量 25 兆瓦的发电机组。2005 年 9 月 2 日增容改造,现设 1 台 32.4 兆瓦和 2 台 34.8 兆瓦机组,总装机容量为 102 兆瓦。

工程于 1958 年 8 月动工兴建;大坝于 1960 年 12 月采用定向爆破加以整理(加高、加厚、加设黏土斜墙)而成;1969 年 2 月下闸蓄水;1971 年 7 月底 3 台机组全部投入运行;1980 年、1989 年、2001 年、2002 年,对配套设施进行除险加固;2005 年 9 月至 2011 年 4 月对发电机、水轮机进行增容改造。2012 年,南水水库供水工程立项。2017 年,南水水库供水工程开工并被列为广东省重大民生水利工程。2020 年 6 月 11 日,韶关市政府与粤海集团、省能源集团签署三方移交协议,由粤海水务接管工程。2021 年 3 月 30 日,南水水库供水工程主体完工,6 月 18 日全线通水。

（八）枫树坝水库

枫树坝水库（见图2-102）又名青龙湖，位于东江上游的龙川县中部偏北，是广东省第二大人工湖。水库集水面积5 150平方千米，其中水域面积30平方千米，总库容19.32亿立方米，属不完全年调节水库。电厂总装机容量180兆瓦，坝内式厂房，是一座以航运发电为主并结合防洪等综合利用效益的水利枢纽工程。

图2-102 枫树坝水库（河源市水务局供）

水库主坝坝型为混凝土宽缝、空腹重力坝，坝顶长400米，最大坝高95.3米，坝底最大宽度87.1米，坝顶宽6.5米，坝顶高程173.3米。设有6孔溢洪道。水库由大坝、溢洪道、输水洞、电站等组成。大坝为混凝土宽缝重力坝，防浪墙顶高程174.5米，最大坝高95.3米，坝顶长400.0米，坝顶宽6.5米。溢洪道为实用堰，堰顶高程158.4米，设6孔13.0米×13.2米钢弧形闸门。输水洞洞径5.5米，进口底高程116.0米，最大泄量292立方米每秒。泄洪洞由2条洞径4.2米的有压泄水管组成，进口底高程115.0米，最大泄量490立方米每秒。

枫树坝水库建于1970年5月，1973年9月下闸蓄水。同年12月第一台机组运行发电，1974年11月，第二台机组发电。总装机容量2×80兆瓦。2004年、2009年分别对1号、2号机组增容改造。1988年12月、1996年下半年对大坝进行二次安全定期检查。2004年实施增容改造后电站装机容量增加至180兆瓦，设计年发电量5.76亿千瓦时，实际运行年平均发电量5.09亿千瓦时。

（九）江门锦江水库

江门锦江水库（见图2-103）位于广东省恩平市锦江河上游，水库防洪标准按100年一遇洪水设计，1 000年一遇洪水校核。控制集水面积362平方千米，设计洪水位96.30米，校核洪水位98.35米，正常高水位95.00米，总库容4.183亿立方米，兴利库容2.77亿立方米。水库为兼顾防洪、发电、灌溉、航运等综合利用的大型水库。

枢纽工程主要由大坝、2座溢洪道、坝后电站组成。大坝为浆砌石重力坝，设

图2-103 江门锦江水库航拍 （水库工程管理处供）

计坝底宽52.0米，坝顶宽6.0米，坝长345.0米，最大坝高63.2米，坝顶高程101.2米。2座溢洪道均为有闸控制的实用堰，最大泄量3 063.7立方米每秒。水库设坝后电站1座，装机3台，总装机容量1.95亿千瓦，设计年发电量0.55亿千瓦时。水库设计年供水量42 000万立方米。

工程于1958年12月动工兴建，1973年竣工并投入使用，期间停建多次。1973年8月至1975年对大坝坝体进行了充填灌浆和对坝基进行了帷幕灌浆。1999年3月对水库进行安全鉴定，大坝定为三类坝。2000年11月至2003年8月进行了除险加固。

（十）长湖水库

长湖水库（见图2-104）位于北江支流滃江下游，为截滃江而成的径流式日调

图2-104 长湖水库 （邱晨辉摄）

节水库。水库纵长24千米，库面最宽约500米，最深约40米。正常高水位62米，相应库容1.55亿立方米；死水位53米，相应库容0.722亿立方米；有效库容0.551亿立方米。多年平均发电量2.88亿千瓦时。水库集雨面积4 800平方千米，防洪标准为100年一遇洪水设计，1 000年一遇洪水校核，设计洪水位62.80米，校核洪水位65.62米，正常蓄水位62.00米，发电极限水位53.00米。农田灌溉引用流量4.6立方米每秒，灌溉农田面积2 866.67公顷（4.3万亩）。水库以发电为主，兼有防洪、灌溉等综合功能。

长湖大坝为宽缝砂腔混凝土重力坝，坝顶高程66.00米，坝顶长181.00米。因坝址周围岩性及构造地质问题，只安装2台机组，总装机容量7.2万千瓦，保证出力1.05

万千瓦，多年平均发电量 2.8 亿千瓦时。水轮机最大工作水头 34.4 米，最小工作水头 22.0 米，设计水头 28.0 米，设计流量 153 立方米每秒。溢流坝设 5 孔闸门，每孔净宽 13.0 米，堰顶高程 49.0 米，水位为 62 米时，单孔闸门全开最大泄流量 1 300 立方米每秒。

长湖水库工程于 1969 年 12 月开始建设，1972 年 11 月下闸蓄水，1973 年 3 月 2 号机组并入系统运行，1974 年 6 月 1 号机组建成投产。2003 年、2013 年分别对 2 号、1 号机组进行增容改造，容量增加至 40 兆瓦和 42 兆瓦。

（十一）韶关锦江水库

韶关锦江水库（见图 2-105）位于广东省韶关市仁化县的北江水系一级支流锦江河谷山口段。水库集水面积 1 410 平方千米，多年平均降水量 160 毫米，多年平均径流量 12.58 亿立方米。工程设计防洪标准为 100 年一遇，校核防洪标准为 1 000 年一遇。设计洪水位 138.80 米，校核洪水位 139.36 米，总库容 1.89

图2-105 韶关锦江水库（邱晨辉摄）

亿立方米，调节库容 0.67 亿立方米，属季调节水库，是一座兼顾防洪、发电、养殖、旅游综合利用的大型水库。锦江水库为大（2）型水库。

水库枢纽工程由拦河坝、溢洪道、输水洞、电站组成。坝顶高程 140.45 米，坝长 229.0 米（其中径坝段 157.0 米），混凝土坝最大坝高 62.45 米，石坝最大坝高 60.45 米；溢洪道位于混凝土坝顶，共 3 孔，每孔 10.0 米宽，最大泄量 2 870 立方米每秒；输水洞由 2 根直径 3.4 米的压力钢管组成，供发电用。发电厂装机 2 台，装机容量 2.5 万千瓦，多年平均发电量 9 370 万千瓦时。

工程于 1974 年开工，1977 年建成。锦江水库工程于 1997 年 7 月通过竣工验收，质量符合设计要求，工程总体质量评为优良等级。水库大坝运行近 20 年来，经历了多次洪水考验，目前大坝运行状态良好，没有发生重大问题。

（十二）白盆珠水库

白盆珠水库（见图 2-106）位于广东省惠州市，属东江支流西枝江上游。因库区地形似盆，故称白盆珠。水库集水面积 856 平方千米，工程按 500 年一遇洪水设计，相应水位 85.54 米，5 000 年一遇洪水校核，相应水位 87.63 米，正常高水位 76 米，死水位 62 米，总库容 12.2 亿立方米，兴利库容 4.23 亿立方米，死库容 1.7 亿立方米。水库是以防洪、供水为主，兼顾灌溉、发电的大型水库，设计灌溉面积 17.47 万亩。

图2-106　白盆珠水库（珠江委档案馆供）

枢纽工程有主坝、副坝和坝后电站。主坝建于白盆珠峡谷处，采用混凝土空心支墩重力坝结构，坝顶高程 88.2 米，坝顶宽 6.0 米，最大坝高 66.2 米，坝顶长 240 米。坝中设有排洪堰闸 1 座 2 孔，每孔净宽 12 米，堰顶高程 73 米，上游设 9 米 × 12 米弧形闸门，下游采用溢流坝下接长护坦梯形差动式鼻坎挑流式消能。坝内设置放水底孔 1 个，采用坝内压力管接明渠泄水道形式，孔口尺寸 4 米 × 4 米。副坝 2 座，1 座建于横岗万福庵坳口，1 座建于条形山。坝上游建有码头 1 座。库区内还有平西公路改线工程，改路线长 32.88 千米。坝后电站布置于偏右岸 5 号、6 号坝段后，发电装机 2 台 × 12 000 千瓦，年发电量 8 600 万千瓦时。

工程于 1959 年 10 月动工，1960 年 8 月停工，1977 年 3 月复工，1987 年 12 月全面竣工。2004 年 3 月，惠州市人民政府下发了《关于调整白盆珠水库功能的通知》，决定将白盆珠水库的功能由防洪、灌溉、发电、调节供水调整为以防洪、供水为主，兼顾灌溉、发电。

（十三）天堂山水利枢纽

天堂山水利枢纽工程位于惠州市龙门县西北部的天堂山镇。天堂山水库（见图 2-107）控制集雨面积 461 平方千米，防洪标准按 100 年一遇洪水设计，1 000 年一遇洪水校核。校核洪水位 157.24 米，设计洪水位 156.61 米，正常蓄水位 150.00 米；总库容 2.43 亿立方米，兴利库容 1.22 亿立方米，死水位 130 米，防洪面积 38 万亩，直接灌溉面积8.9万亩，年发电量6 100万千瓦时。天堂山水库是以防洪为主，兼顾灌溉、发电、旅游等综合效益的大（2）型水利枢纽工程。

工程主要由混凝土三圆心双曲率拱坝、引水隧洞、电站等部分组成。坝高70米，坝长287米，坝顶高程159米。引水遂洞长1 165米，内径5米，设计流量46.8立方米每秒。水库多年平均降水量2 450毫米，多年平均流量18.68立方米每

图2-107 天堂山水库（邱晨辉摄）

秒，多年平均径流量5.89亿立方米，是年调节水库。坝后电站装机3台，总容量1.95万千瓦，年设计发电量6 140万千瓦时。

工程从1956年开始进行勘测和规划设计，列为"增江流域治理规划"中重点开发项目。1978年7月，天堂山水利枢纽工程开始筹建。1979年7月，广东省水电第三工程局进场进行施工，1981年6月，由于贯彻国民经济调整"八字"方针，天堂山水库列为广东省放缓建设进度项目。1989年5月，工程重新展开建设工作，1989年9月9日工程河床截流成功，1990年1月1日第一块坝体基础混凝土浇筑，水电站于1989年9月27日动工，引水隧洞于1990年5月1日动工。1992年8月25日，天堂山水库下闸蓄水。1992年9月30日，天堂山水电站机组并网发电。1993年5月24日起天堂山水电站正式投产运行。

（十四）飞来峡水利枢纽

飞来峡水利枢纽（见图2-108）位于北江干流中下游广东省清远市辖区内。飞来峡水利枢纽属河道型大型水库，设计多年平均发电量5.54亿千瓦时，坝址控制流域面积34 097平方千米，占北江流域面积的73%，正常蓄水位24米，死水位18米，调洪库容13.36亿立方米，校核洪水位33.17米，总库容19.04亿立方米，坝址多年平均径流量346.9亿立方米，多年平均流量1 100立方米每秒。工程以防洪为主，兼有航运、发电、水资源调配及改善生态环境等综合效益，是调蓄北江洪水的关键性工程。

飞来峡水利枢纽主要建筑物由拦河大坝、船闸、发电厂房和变电站组成。主坝最大坝高52.3米，主、副坝坝顶总长2 952米，坝顶宽8米。溢流坝共设16个泄洪

孔，其中15孔为带胸墙的泄洪孔，另1孔为开敞式排漂孔。河床式厂房安装4台35兆瓦的灯泡贯流式水轮发电机组。船闸由上下闸首、闸室和相应设备组成。闸室采用单线一级布置，通航最大水头为14.49米，设计年货运量467万吨。闸室有效尺寸190米×16米×3米（长×宽×门槛水深），由闸坝管理处管理，可通过500吨级的组合船队。

图2-108 飞来峡水利枢纽航拍（张会来摄）

1992年，国务院批准兴建飞来峡水利枢纽；1993年飞来峡水利枢纽工程建设总指挥部成立；工程于1994年10月动工兴建，1996年10月，成立广东省飞来峡水利枢纽建设管理局，1998年大江截流，1999年3月水库蓄水，同年10月，全部发电机组并网发电，工程全部完工。

（十五）孟洲坝水利枢纽

孟洲坝水利枢纽（见图2-109）位于北江干流上游，是北江干流最上游的一个梯级，占北江流域面积的31.5%。水库坝址以上多年平均降水量1 616.6毫米，多年平均径流量130亿立方米。水库正常蓄水位52.50米，死水位52.0米，设计洪水位55.63米，死库容0.533亿立方米，是集发电、防洪、航运和改善生态环境为一体的综合性低水头、大流量发电厂。

枢纽主要水工建筑物有混凝土重力坝、泄洪闸、发电厂房、船闸挡水部分（上闸首），泄水闸采用12孔液压弧形门。孟洲坝水利枢纽工程挡水建筑物（重力坝、船闸上闸首、泄洪闸、厂房）的设计洪水重现期为50年一遇，校核洪水重现期为500年一遇。设计装有4台灯泡式贯流机组，总装机容量4.8万千瓦。

图2-109 孟州坝水利枢纽（邱晨辉摄）

枢纽于1992年动工兴建，1998年4台机组全面投产。

（十六）白石窑水库

白石窑水库（见图2-110）位于广东省清远市英德市望埠镇奖家洲村北江干流中游，是北江干流格袋开发的第三个梯级。白石窑水库设计防洪标准为100年一遇，校核防洪标准为2 000年一遇，枢纽运行低水位34米，相应库容0.695 8亿立方米；正常水位36.5米，相应库容1.084亿立方米；设计洪水位38.66米，相应库容2.37亿立方米；校核洪水位42.59米，总库容4.64亿立方米，兴利库容0.388亿立方米。水库以水力发电、航运为主，同时兼顾防洪、灌溉、养殖、旅游和改善生态环境等综合功能。

图2-110 白石窑水电厂（邱晨辉摄）

白石窑水库分别由泄水闸、电站厂房、船闸及左右岸土坝组成。泄水闸为敞开式宽顶堰，共 22 孔，每孔净宽 10.0 米。左岸土坝为均质土坝，坝顶长 263.2 米。右岸土坝包括张家洲土坝和小江土坝，均为黏土斜心墙坝，坝顶总长 365.2 米。厂房分为 A、B 厂，A 厂为原设计 4 台灯泡贯流式机组，总装机容量 7.2 万千瓦，水轮机直径 5.8 米。B 厂为在小江土坝右侧扩建 1 台单机容量为 20 米的灯泡贯流式机组。船闸为单线一级船闸，最大船只过船吨位为 200 万吨，单向年通过能力 465 万吨。

工程于 1992 年 8 月动工兴建，1997 年 4 月首台机组投产，1999 年 2 月 4 台机组全部建成投产，2004 年 2 月至 2005 年 11 月，新增 5 号机组。白石窑水库综合效益显著，4 台机组多年平均发电量为 2.78 亿千瓦时。2005 年增容机组建成后，水库装机规模达 9.2 万千瓦，多年平均发电量增至 3.16 亿千瓦时。

（十七）濛浬水利枢纽

濛浬水利枢纽（见图 2-111）位于北江干流曲江区乌石镇，水库坝址以上集水面积 16 750 平方千米，多年平均径流量 160.5 亿立方米。水库设计洪水标准 50 年一遇，相应水位 47.14 米，校核洪水标准 500 年一遇（混凝土坝）及 1 000 年一遇（土坝），相应水位分别为 47.14 米、49.68 米、50.40 米。总库容 1.81 亿立方米，调节库容 0.182 亿立方米，正常蓄水位 45.00 米，相应库容 0.675 亿立方米，是一座集发电、防洪、航运和改善生态环境为一体的综合性水利工程。

图2-111　濛浬水利枢纽（邱晨辉摄）

濛浬水利枢纽由泄水闸、电站厂房、船闸、挡水坝等主要建筑物组成。泄水闸段长 250.0 米，为开敞式宽顶堰，共 13 孔，单孔净宽 16.0 米，堰顶高程 34.0 米，采用底流消能，工作闸门为弧形钢闸门，尺寸为 16.0 米 × 10.0 米。电站为河床式厂房，安装 4 台 12.5 瓦的贯流灯泡式水轮发电机组，设计多年平均发电量 1.98 亿千瓦时。通航建筑物为单线一级船闸，布置于河床右岸。近期通航 100 吨级船舶，远期通航 300 吨级船舶。水库混凝土重力坝总长 452.7 米，最大坝高 24.0 米，坝顶高程 52.0 米。土坝位于左岸阶地上，总长 542.0 米，为均质土坝，坝顶高程 52.0 米，坝顶宽 8.0 米，最大坝高 9.0 米，坝顶为混凝土路面。

工程于 2002 年 9 月动工，2004 年 12 月首台机组蓄水发电，2005 年 8 月通过竣工验收。

（十八）锦潭水利枢纽

锦潭水利枢纽（见图 2-112）位于广东省清远市英德市西北部连江支流，是锦潭河流域九级稀级开发最上游的一级水电站。水库集雨面积 227.3 平方千米，总库容 2.49 亿立方米，主要建筑物二级，属大（2）型工程，是锦潭梯级（9 级）水电站的龙头水库。水库为多年调节水库，正常蓄水位 230 米，相应库容 2.34 亿立方米，设计灌溉面积 13 万多亩，具有发电、防洪，兼顾地区灌溉等综合效益。

图2-112 锦潭水利枢纽（邱晨辉摄）

坝型为混凝土双曲拱坝，水库挡水建筑物为双曲拱坝，按二级建筑物设计，坝顶厚 5 米，坝底厚 19.45 米，坝顶中心线弧长 224.13 米，最大中心角 98.85°，水库大坝高 123.3 米，库容 2.49 亿立方米，枢纽建筑物包括双曲坝、坝顶溢洪道、放空底孔、进水口、发电输水隧洞、厂房和变电站。

锦潭水库工程于 2003 年 9 月正式动工，2007 年 3 月完成水库蓄水验收，2007 年 5 月锦潭水库一级站建设工程胜利完成，通过了广东省水利厅组织的工程蓄水验收。2008 年 6 月，锦潭水库水位达到正常蓄水位，2012 年 8 月通过大坝安全鉴定，认定为一类坝。

（十九）东江水利枢纽

东江水利枢纽（见图 2-113）工程位于广东省惠州市东江下游惠城区河段上，是广东省重点工程，也是广东省东江流域水力开发规划的第十一个东江梯级电站（总装机容量 4.6 万千瓦）。总库容 1.16 亿立方米，水面面积达 28 平方千米，为河流型湖泊，比惠州市西湖现有面积大 20 倍，电站安装 4 台灯泡贯流式水轮发电机组，年发电量 2.7 亿千瓦时。是一项集发电、航运、农田灌溉、城市供水及发展旅游经济等多项综合利用的水利枢纽工程。

图2-113 东江水利枢纽（邱晨辉摄）

枢纽由左右河汊拦河闸坝、电站、通航船闸以及连接土坝等组成。左河汊布置 9 孔泄洪闸，右河汊布置 12 孔泄洪闸、电站和通航船闸等，发电站装机 4 台，单机容量 1.15 万千瓦，总装机容量 4.6 万千瓦。枢纽工程航道为五级，通航船闸为 V 等三级单向船闸，主要通航船只为 100 吨和 300 吨，最大通航船只为 500 吨。

东江水利枢纽工程可追溯到民国时期孙中山的《建国方略》，从一定意义上来说，这是关于建设东江水利枢纽工程的最早构想之一。1956 年，惠州水利枢纽工程做出规划，工程位于惠州市东江下游泗湄洲处，预计总投资近 11 亿元。2004 年 3 月 18 日，惠州市东江水利枢纽工程合同正式签约。2004 年 5 月 26 日，工程奠基。2004 年 12 月 8 日，该工程比计划提前 2 个月实现了截流，项目由此进入船闸、电站等主体工程全面施工阶段。2005 年 4 月 10 日，东江水利枢纽工程开始向船闸基础的垫层浇筑混凝土，从而拉开了整个东江水利枢纽工程水下工程混凝土浇筑工作的序幕。2006 年 3 月 19 日，工程顺利实现二期截流，为当年 6 月电站首台机组正式投产发电奠定了坚实的基础。2006 年 10 月 10 日，东江水利枢纽工程的 12 个闸门全部紧闭，自此，该工程的初期蓄水正式开始。2007 年 10 月 2 日，最后一台机组 4 号机组在成功实现 72 小时满负荷试运行后正式投产发电。2007 年 12 月 19 日，东江水利枢纽工程举行竣工典礼，标志着工程正式全面投入使用。

（二十）乐昌峡水利枢纽

乐昌峡水利枢纽（见图2-114）工程地处广东、湖南两省交界处。枢纽集雨面积 4 988 平方千米，坝址多年平均径流量 43.61 亿立方米，多年平均流量 138 立方米每秒。水库正常蓄水位 154.5 米，死水位 141.5 米，防洪限制水位 144.5 米，设计洪水位 162.2 米，校核洪水位 163.0 米，总库容 3.44 亿立方米，防洪库容 2.11 亿立方米，调节库容 1.04 亿立方米，为季调节水库。是一座以防涝为主，结合发电、改善下游灌溉、航运、供水等综合利用的 Ⅱ 等大型水利枢纽。

图2-114　乐昌峡水利枢纽航拍（张会来摄）

枢纽主要由拦河坝、发电厂房及对外交通道路等组成。拦河坝为碾压混凝土重力坝，高 83.2 米，长 256 米，顶宽 7 米，坝顶高程 163.2 米。中部溢流坝段设 5 孔泄洪闸，闸门尺寸为 12 米 × 10.7 米；发电厂房为地下式厂房，位于左岸坝肩山体内，电站安装 3 台混流立式水轮发电机组，总装机容量 132 兆瓦，多年平均发电量 4.08 亿千瓦时；左岸道路为枢纽主要对外交通通道，全长 13.8 千米。

1959 年珠江流域综合治理规划提出兴建北江流域控制性工程——乐昌峡水利枢纽，2007 年 4 月被列入珠江流域防洪规划北江中上游防洪枢纽工程。2008 年 1 月工程开工建设；2011 年 10 月主体工程完工；2013 年 6 月 26 日，全部机组并网发电，工程完工。

（二十一）清远水利枢纽

清远水利枢纽（见图2-115）位于北江干流广东省清远市境内，为北江干流梯级规划的第五级，枢纽集水面积 37 783 平方千米，占北江流域集水面积的 80.9%。清远水库多年平均降水量 1 400 ～ 2 500 毫米，多年平均来水量 1 280 立方米每秒，

图2-115 清远水利枢纽（邱晨辉摄）

多年平均含沙量 0.13 千克每立方米，多年平均输沙模数 148 吨每平方千米。清远水库枢纽工程为大型 I 等工程，设计洪水标准 50 年一遇，校核洪水标准 200 年一遇，设计洪水位 13.35 米，校核洪水位 14.04 米，正常蓄水位 10.00 米，总库容 3.018 亿立方米，兴利库容 0.143 4 亿立方米。枢纽以航运、改善水环境为主，结合发电、反调节，兼顾改善灌溉、供水条件和水资源配置等综合功能。

枢纽为大型 I 等工程，由右岸连接土坝、1 000 吨级船闸、31 孔泄水闸、发电厂房、左岸连接土坝组成。电站安装 4 台发电机组，装机容量 4×1.1 兆瓦，年平均发电量 1.97 亿千瓦时。枢纽主要建筑物由挡水、泄水、通航和发电等建筑物及大燕河水闸组成。主坝长 1 520.42 米，从左至右依次为左岸土坝、厂房、31 孔泄水闸、船闸、右岸土坝（含连接段）等。泄水闸为开敞式平底宽顶堰，每孔净宽 16.0 米，堰顶高程 3.0 米，坝顶高程 19.0 米，厂房为河床式，装机 4 台贯流式灯泡水轮发电机组，额定水头 4.7 米，总装机容量 44 兆瓦，年发电量约 2.186 9 亿千瓦时。枢纽船闸按单线 1 000 吨级标准设计建设，年单向货运通过能力 928 万吨，最大通航流量 11 700 立方米每秒，最小通航流量 237 立方米每秒。土坝坝顶高 19.0 米，坝顶宽 8.0 米，最大坝长 15.4 米。

工程于 2009 年 11 月正式开工，2013 年投产运行。枢纽主体工程建设分 2 期施工，一期工程主要进行右岸土坝、船闸、门库、14 孔泄水闸、左岸电站厂房、门库及土坝施工；二期主要进行左岸 17 孔泄水闸、门库施工。枢纽主体工程设计总工期为 3 年零 8 个月，于 2011 年 4 月 15 日右岸泄水闸过水，2011 年 9 月船闸通航，2011 年 12 月第一台机组发电，2012 年 12 月完工。

（二十二）公明水库

公明供水调蓄工程，俗称公明水库（见图 2-116）。工程位于深圳市茅洲河上游，是在原横江水库、石头湖水库和迳口水库的基础上扩建而成的。公明水库工程等别为 II 等，主要建筑物级别为二级，次要建筑物级别为三级。大坝以上控制集雨面积 11.77 平方千米，正常蓄水位 59.7 米，正常库容 1.42 亿立方米，水库总库容 1.48 亿立方米，水库设计洪水标准为 100 年一遇，校核洪水标准为 5 000 年一遇，设计洪水位 60.25 米，校核洪水位 60.58 米，正常高水位 59.7 米，属大（2）型水库。工程是深圳市最大的战略储备型水库，担负着向深圳西部宝安区、光明新区各水厂供水及供水的调蓄任务。

图2-116　公明水库（陆永盛摄）

公明水库主要建筑物包括大坝、溢洪道及放水隧洞和输水隧洞等。共有6座大坝，主坝（4号坝）为黏土心墙坝，坝长1 102米，坝顶高程63.5米，最大坝高54米，坝顶宽8米，防浪墙顶高程64.3米，溢洪道布置在5号、6号大坝之间的垭口处，总长264米，控制段长15米，实用堰顶高程59.7米，放水隧洞布置于大马山下，为圆形有压隧洞，洞直径3米，工程由公明水库扩建工程、境外水源连通工程（鹅颈水库至公明水库连通工程）、供水输配工程（与石岩水库联网工程）组成。

按照水库开发建设规划，扩建光明新区境内的横岗水库，将横岗水库、迳口水库、石头湖水库和罗村水库合并成公明水库。该工程于2007年1月19日取得深圳市发展和改革局批复正式立项，主体工程于2007年底正式开工，由于建设用地面积大、涉及的行政区域多，自开工建设以来一直受征地拆迁等问题困扰，工程进展较缓慢，2016年底具备蓄水条件。

（二十三）新丰江水利枢纽

新丰江水库（见图2-117）又名万绿湖，位于河源市东源县。水库是1958年筹建新丰江水电站时，在新丰江下游的亚婆山峡谷修筑拦河大坝蓄水而形成的，汇水面积5 140平方千米。新丰江水库属完全多年调节，是华南地区最大的水库，工程按1 000年一遇洪水设计，10 000年一遇洪水校核。校核洪水位123.60米，设计洪水位121.60米，正常高水位116.00米，死水位93.00米；总库容138.96亿立方米，

图2-117　新丰江水库（水库管理处供）

有效库容64.91亿立方米。水库以供水为主，兼顾发电、防洪、航运等，是一座综合利用的水利枢纽工程。

水库大坝为混凝土坝，最大坝高 105 米，坝轴线长 440 米，坝顶高程 124 米，设计库容 140 亿立方米。大坝由 19 个长 18 米的支墩坝和两岸重力坝组成，坝下水电站装机容量 29.25 万千瓦。新丰江水库大坝为单支墩大头坝，由 19 个中距为 18.0 米的大头支墩及两端重力坝组成，坝顶高程 124.0 米，顶长 440.0 米，顶宽 5.0 米，是世界上第一座经受 6 级地震考验的超百米高混凝土大坝。溢洪段设有 3 孔，堰顶高程 111.6 米，设 3 扇 15.0 米 ×10.0 米弧形闸门。

新丰江水库是我国第一个五年计划的重点项目之一，1958 年 7 月破土动工，1969 年建成，1960 年并网发电。"新丰江水电站"6 个大字是由当时中共广东省委书记陶铸题写的。新丰江水库修建前，由于 20 世纪 50 年代我国尚无地震安全性评价的法律法规，大坝设计时没有考虑抗震设防。1960 年 7 月下旬，周恩来总理明确指示，要科技人员赴现场进行研究，分析认为新丰江库区的地震活动与水库蓄水有一定关系，建议设计烈度从Ⅵ度提高到Ⅷ度。1961 年 3 月开始按Ⅷ度设防，按照Ⅸ度的标准对大坝进行加固，经受住了 1962 年 3 月 19 日，库区 6.1 级地震，使其成为世界上第一座经受 6 级地震考验的超百米高混凝土大坝。1993 年，新丰江水库被国家林业部规划为国家森林公园，2001 年被授予广东省环境教育基地，2002 年 7 月被国家旅游局评为 AAAA 级旅游区。

（二十四）莽山水利枢纽

莽山水利枢纽（见图 2-118）位于湖南省郴州市宜章县莽山乡和天塘乡境内，武水支流长乐河上游，水库坝址位于天塘乡长乐河菜子冲下燕村。坝址控制流域面积 230 平方千米，水库正常蓄水位 395 米，多年平均流量 9.85 立方米每秒，多年平均径流量 3.11 亿立方米，设计洪水位 398.50 米，校核洪水位 399.43 米，总库容 1.332 亿立方米，防洪库容 0.24 亿立方米。工程包括枢纽工程与灌区工程，是一座以防洪、灌溉为主，兼顾城镇供水与发电等综合利用的大型水利枢纽工程。

图2-118　莽山水利枢纽（郴州市水利局供）

枢纽工程为Ⅱ等大（2）型工程，由主坝、副坝、引水发电洞、坝后厂房、反调节坝等建筑物组成。水库枢纽工程主要建筑物包括碾压混凝土重力坝、溢流坝、引水发电隧洞、黏土心墙土石副坝、坝后式电站以及反调节坝等。灌区骨干工程主要建筑物包括左干渠、右干渠、5条主要支渠、隧洞、渡槽、倒虹吸及其他附属建筑物等。水库建成后可起到防洪、灌溉、发电、供水作用，使长乐河中下游防洪标准提高到10～20年一遇。

2015年5月21日上午，湖南省莽山水库工程建设启动仪式在宜章县境内的莽山水库坝址举行。2019年2月22日，莽山水库工程387.5米高程蓄水移民安置通过湖南省水库移民开发管理局终验。2019年2月25日，莽山水库工程通过湖南省水利厅组织的导流洞下闸蓄水阶段验收。2019年3月6日，莽山水库工程下闸蓄水仪式在主坝下游顺利举行。2019年5月18日，莽山水库坝后电站首台水轮发电机组并网试运行。

三、粤桂沿海诸河

（一）合水水库

合水水库（见图2-119）位于广东省兴宁市北，兴建在宁江主流黄陂河与罗岗河的汇合处。水库多次扩建后，防洪标准按500年一遇设计，3 000年一遇校核；设计洪水位142.03米，校核洪水位142.98米，正常高水位138.00米，死水位132.50米；总库容1.161 2亿立方米，兴利库容0.413 2亿立方米，属大（2）型水库。水库以防洪为主，保证灌溉，兼顾排涝，结合发电、养鱼。

图2-119 合水水库（梅州水利设计院供）

水库的主坝为均质土坝，坝顶高程144.0米，最大坝高24.0米，坝顶长867.78米，坝顶宽 8.0 米；副坝 15 座，总长 2 369.3 米。水库 1987 年加固时废除原有 9 孔泄洪闸，新建开敞式溢洪道，堰顶高程 128.0 米，设 3 扇 7.0 米 × 8.2 米弧形钢闸门；2005 年加固扩建时又废除 3 孔泄洪闸，在原址上改建为 2 扇 11.0 米 × 13.0 米弧形钢闸门。水库设有放水涵管 4 条，进口底高程 127.35 米，内径分别为 2.4 米、2.4 米、2.4 米、1.6 米，最大泄量 43.5 米每秒。坝后电站 2 座，4 台发电机总装机容量 3 320 千瓦，年发电量 1 093.76 万千瓦时。

水库于 1956 年 10 月动工兴建，1957 年 7 月建成。1964 年进行第二次扩建，扩建后，主坝加高至 21.5 米，坝长增至 700 米，坝顶宽仍为 7 米。副坝扩建后增为 14 座，总长 2 560 米，坝顶宽均为 5 米。1985 年按新标准 500 年一遇设计，2000 年一遇校核，报省列入"七五"基建计划，进行安全加固。合水水库位于广东省梅州市兴宁市城区宁江上游。水库集水面积 577.58 千米，多年平均降水量 1 517 毫米，多年平均径流量 4.28 亿立方米。2005 年 10 月底进行了扩建加固。

（二）大水桥水库

大水桥水库（见图 2-120、图 2-121）位于广东省徐闻县，坐座落在大水桥河中下游。水库控制集雨面积 196 平方千米，设计总库容 14 860 万立方米，正常库容 9 211 万立方米，设计灌溉面积 15 万亩。水库属多年调节，设计防御 100 年一遇洪水，校核防御 2 000 年一遇洪水，设计洪水位 57.33 米，校核洪水位 58.6 米，正常高水位 56.5 米，死水位 41.5 米，总库容 1.27 亿立方米，调洪库容 0.407 9 亿立方米，兴利库容 0.912 9 亿立方米，死库容 0.008 2 亿立方米。渠首和灌区建有水电站 3 座，装机容量 1 350 千瓦，年均发电量 190 万千瓦时。

水库主坝是均匀土质坝，坝长 850 米，坝顶高程 55 米，最大坝高 21 米，副坝 2 座，共长 6 100 米。放水涵 1 座，高、宽均为 1.4 米，

图2-120 大水桥水库全景（湛江市水务局供）

图2-121 大水桥水库主坝（湛江市水务局供）

涵口高程 41.5 米，中间设有平板闸门及启闭龙门架，两侧设对称斜放水孔各 1 个，孔径均为 0.9 米，采用铸铁转动门盖开关。溢洪道为开敞变宽式陡坡，进口为实用堰，长 60 米，堰顶高程 52 米，堰后设有消力池与陡坡相接，陡坡窄断面处宽 30 米。溢洪道陡坡末端顶上建有钢筋混凝土矩形渡槽 1 座，设计通过流量 9.5 立方米每秒。与渡槽平行方向建有木结构公路桥 1 座。

工程于 1957 年 10 月动工兴建，1958 年库区基本建成并开始受益，1964 年、1976 年两次续建，总库容从 0.8 亿立方米续建到 1.27 亿立方米。1961 年在水库溢洪道堤顶新建 1 座活动闸门，分 17 孔，每孔净宽 3 米，闸墩高 1.5 米，建成后水库可多蓄水 1 324 万立方米。1964 年，水库进行第一次扩建。主、副坝加高 2.3 米，坝顶高程达到 57.3 米，防浪墙顶高程 58.3 米，土坝延长 2 950 米，同时改建溢洪道，将原来的活动闸拆除，改为 13 孔的排洪闸控制。1972 年 11 月动工兴建南北渠工程，从库区外引水入库，引水渠横贯县境，全长 106.79 千米，于 1974 年 8 月建成。1974 年再次改建溢洪道：拆除溢洪闸上游的平板闸门，改为 3 孔闸，每孔净宽 8.4 米，采用钢筋混凝土弧形闸；取消原闸门后消力池，由闸底低堰以反弧段与陡坡连接；两岸侧墙加厚加高，闸顶设工作桥及启闭工作室；将木结构公路桥改建为钢筋混凝土双曲拱桥，在陡坡底板埋设双孔钢筋混凝土反虹吸方涵，可通过流量 10 立方米每秒；拆除陡坡末端消力池，改用鼻坎挑流消能，改建工程于 1975 年 6 月完成。与此同时，进一步加高水库主、副坝，从原坝顶 57.3 米高程加高至 60 米高程，重建高 1.4 米的防浪墙，土坝由原来的 2 950 米延长至 6 950 米。灌区主干渠道也进行扩大、改线，新建混凝土防渗渠道 19.6 千米，工程于 1976 年 12 月全部完成。1982 年 12 月，大水桥水库按大（2）型水库设计方案执行，水库进行第二次扩建工程施工，将主坝和东、西副坝培厚加固，重建石护坡和防浪墙；灌区主要改建一批公路桥和牛车桥，以及分水涵闸等建筑物。全部工程完成后，总库容达到 14 860 万立方米，正常库容 9 211 万立方米，灌溉面积 15 万亩。2003 年水库进行全面加固，2007 年底基本完工。

（三）鹤地水库

鹤地水库（见图 2-122）地处雷州半岛北部，部分为化州市西部地区，库区跨越到广西壮族自治区的陆川、博白二县，处于九洲江中游。坝址控制流域面积 1 495 平方千米，其中广东区域 430 平方千米，广西区域 1 065 平方千米。水库正常蓄水位 40.5 米，死水位 34 米，调洪库容 4.67 亿立方米，校核洪水位 43.25 米，总库容 11.44 亿立方米。坝址多年平均径流量 14.21 亿立方米。水库以灌溉为主，结合防洪、发电和航运等综合利用。

库区枢纽工程有主坝 1 座，副坝 36 座，溢洪道 2 座，输水洞、船闸各 1 座及电

图2-122　鹤地水库航拍（湛江水文局供）

站 2 座。主坝为均质土坝，坝顶高程 43 米，最大坝高 29.25 米，坝顶长 885 米，坝顶宽 7 米，坝体采用人工填土为主，拖拉机碾压。副坝 36 座，总长 7 025 米，最大坝高 23.7 米，副坝之多、之长为广东省水库之冠。

溢洪道 2 座，均在左岸，第一溢洪道净宽 50 米，设 5 孔 10 米 ×4.5 米弧形钢闸门控制，闸底高程 35.2 米，设计最大泄量 1 500 立方米每秒，陡槽末端采用消力池消能；第二溢洪道净宽 120 米，堰顶高程 38 米，也设有弧形钢闸门控制，设计最大泄量 1 530 立方米每秒。输水洞为潜孔式，进口高程 31.0 米，分为 2 孔，每孔断面为 4 米 ×3 米，用钢弧形闸门控制，设计最大输水流量为 155 立方米每秒（另一资料为 120 立方米每秒）。船闸 1 座，闸室长 24 米、宽 10.5 米，可通过 40 吨重船只。电站 2 座，装机容量共 5 150 千瓦。鹤地水库灌区渠从北至南贯串大半个雷州半岛。总干渠名为雷州半岛青年运河主河，全长 76 千米，设计最大过水能力 120 立方米每秒。大干渠有东海河、西海河、东运河、西运河、四联干渠 5 条，共长 195 千米；干渠 155 条，共长 1 164 千米；支渠 1 467 条，共长 4 041 千米。在运河中段建有 1 座西涌节制闸，用以调节上下游水位和流量，并设有船闸 1 座，可通航 40 吨以下船只。在距遂溪县城 1 千米的东海河上建有新桥大渡槽 1 座，是鹤地水库灌区最大的渠系建筑物，全长 1 206 米，分为 40 跨，双悬臂支承，双柱式槽墩，最大墩高 29.5 米，渡槽底宽 5.5 米，槽身高 3.5 米，设计过水流量 13.25 立方米每秒，可通航 20 吨重船只。

工程于 1958 年动工建设，1959 年建成并投入使用。根据 1956 年广东省亚热带开发计划的安排，为消灭雷州半岛旱患，1958 年 5 月，中共湛江地委，决定兴建鹤地水库——青年运河工程，并成立"雷州青年运河建设委员会"。工程于 1958 年 6 月 10 日动工，库区工程高峰期民工达 5 万余人，至翌年 9 月基本建成。1960 年 5 月各主要干渠建成，开始部分发挥效益。1963 年春，库区、灌区建成。1973 年提出鹤地水库扩建工程，拟建 1 座新主坝取代 32 座副坝，缩短坝线 6 730 米，增加集水面积 53 平方千米，扩充兴利库容 1.18 亿立方米。扩建工程于 1975 年 6 月开工。1983 年因国家压缩基建投资而停工缓建。

（四）石榴潭水库

石榴潭水库（见图2-123）位于广东省揭阳市惠来县中部龙江支流罗溪水系上，大南山南麓，上游有林樟、五福田和黄竹潭3条河流汇入。坝址以上原集水面积127.685平方千米，船桥水库建成后，截去集水面积11.05平方千米，现集水面积为116.635平方千米。原为中型水库，总库容5 240万立方米。因原土坝坝体单薄，且库容偏小，先后于1961年、1964年和1971年3次将土坝加高培厚。1972年新建输水涵洞1座，并将溢洪道改建为14孔泄洪，加固后的石榴潭水库防洪标准按200年一遇设计，2 000年一遇校核。正常蓄水位54.50米，相应库容0.8亿立方米；校核洪水位58.41米，总库容1.094 2亿立方米。

图2-123　石榴潭水库（揭阳市水利局供）

石榴潭水库主要建筑物包括主坝1座、副坝4座、泄洪闸1座、输水涵管1条、坝后电站1座、总干渠废水电站1座。主坝均质土坝，长438.0米，最大坝高41.0米，坝顶高程61.0米，坝顶宽9.0米。副坝总长288.0米，最大坝高17.0米，坝顶高程61.0米。泄洪闸位于坝址东侧，原有溢洪道，1971年扩建为14孔，2004年水库除险加固改建为5孔，总净宽42.5米，采用液压启闭，堰顶高程50.4米，最大泄量1 396立方米每秒。输水涵管1条，低涵管直径2.55米，长256.4米。坝后电站1座，装机4台。总干渠弃水电站1座，装机2台。

水库于1958年9月兴建，1959年9月竣工。建成后经七次加固、扩建，由中型水库升级为大型水库。石榴潭水库肩负着下游的隆江、溪西、岐石等7个乡（镇、场）8.3万亩的农田灌溉和捍卫300多个乡村23.6万人口的生命财产安全，设计年发电量670万千瓦时，是一座以灌溉为主，结合防洪、发电等综合利用的大（2）型水库。石榴潭水库于2002年7月鉴定为三类坝。同年开工除险加固工程，至2007年底完成主体加固工程。

（五）高州水库

高州水库（见图2-124）位于广东省高州市东北部鉴江上游支流的大井河和曹江，由良德、石骨两水库通过龙头坳连通渠连结而成。良德库区位于大井河下游，集水面积494平方千米，总库容6.46亿立方米；石骨库区位于曹江中游，集水面积509平方千米，总库容5.02亿立方米。两库相通后设计正常高水位均为90.0米，集水面积合计1 022平方千米，总库容11.48亿立方米，除险加固后设计库容12.8亿立方米。坝址控制流域面积1 022平方千米，正常蓄水位89米，死水位64米，调洪库容5.40亿立方米，校核洪水位93.35米，坝址多年平均径流量12.06亿立方米。工程以灌溉、防洪、工业和城市生活供水为主，兼顾发电、航运等综合利用。

图2-124　高州水库航拍（《人民珠江》供）

良德枢纽有主、副坝6座，输水隧洞、开敞式溢洪道、坝后电站各1座。主坝为砂土混合坝，设置砂壳，在坝轴线上游设置截水墙，坝趾设置反滤排水棱体，坝顶高程93.5米，最大坝高43.2米。坝顶长320米，宽7米。迎水坡用干砌块石护坡，背水坡用草皮护坡。副坝5座，坝高最大13.8米、最小4米。开敞式溢洪道净宽16米，下游陡坡长145米，设2孔弧形钢闸门控制，设计最大泄量520立方米每秒，采用挑流消能。输水隧洞长304米，洞径4米，进口设平板闸门控制，设计最大输水流量70立方米每秒。坝后电站装机2台，容量1万千瓦。石骨枢纽有主坝1座，副坝2座，开敞式溢洪道1座，输水涵1座，坝后电站1座。主坝为复合碾压式土坝，坝顶高程93.7米，最大坝高52.7米，坝顶长775米、宽6米。副坝有厘更副坝，最大坝高39.2米，坝顶长318米；三叉塘副坝，最大坝高32.2米，坝顶长165米。

1956年提出兴建良德水库的建议。1958年3月，水利部组织苏联专家到现场审查，肯定了工程布置及有关主要技术问题，工程设计任务书于1958年5月7日经广东省计划委员会批准。良德水库于 1958 年 5 月 18 日动工，1959 年 9 月 24 日基本竣工，1960 年 7 月建成，1986 年进行加固，堰顶高程由 83.3 米提高到 83.6 米，库容达到 12.8 亿立方米。

（六）长青水库

长青水库（见图 2-125）位于广东省湛江市廉江市西北部九洲江支流沙铲河上游，因库区跨长山、青平两镇而得名。水库由岭背下、仙人域 2 个水库组成，以灌溉为主，结合防洪、发电及养鱼等。上库——岭背

图2-125 长青水库（水库管理处供）

下水库，集雨面积 177.5 平方千米，总库容 12 450 万立方米；下库——仙人域水库，集雨面积 54 平方千米，总库容 2 185 万立方米。合计集雨面积 231.5 平方千米，调洪库容 6 945 万立方米，总库容 14 635 万立方米。正常蓄水位 45 米，死水位 34 米，校核洪水位 48.93 米，坝址多年平均径流量 2.18 亿立方米。

水库枢纽工程包括土坝、溢洪道、输水涵、坝后电站、灌溉引水渠道和连接两水库 4.1 千米的连通渠道及节制闸。主坝高 24 米，坝长 1 100 米，最大泄洪流量 678.3 立方米每秒，坝顶高程 50 米，高、低两灌区工程建筑物有渡槽 28 座，共长 1 529 米，隧洞 1 座，长 220 米，其他附属建筑物 2 581 座。

工程于 1958 年 8 月动工，1959 年 11 月建成。低灌区于 1961 年 8 月动工，工程有总渠 1 条（长 17 千米），干渠 6 条（共长 64 千米），支渠 33 条，总长 1 159 千米，设计灌溉面积 20 万亩，受益的 6 个公社全力以赴，全线动工，于 1962 年 3 月基本建成，当年灌溉农田 8 万亩。高灌区由江排水轮泵站提水灌溉，工程于 1969 年 11 月动工，1971 年建成通水，设计灌溉面积 2.65 万亩。1971 年 8 月，灌区工程扩建。总干渠填方渠段加高 0.7 米，使渠道输水流量由 10 立方米每秒提高到 15 立方米每秒，干、支渠也相应扩大断面。渠道混凝土铺盖防渗 94 千米，扩建工程历时 5 年，完成后灌溉面积达到 15.4 万亩。运行 30 多年后，长青水库于 1992 年进行了除险加固处理。加固处理 20 年后于 2010 年再次进行除险加固。2018 年被广东省列入一级水源保护区。

（七）老虎头水库

老虎头水库（见图 2-126）是玉林市唯一一座大型水库，位于广西壮族自治区玉林市博白县沙陂镇那新村，以灌溉为主，结合防洪、发电、养殖等综合利用。水

图2-126　老虎头水库（水库管理处供）

库控制流域面积136平方千米，正常蓄水位66.10米，总库容1.254亿立方米，正常水位面积9 320亩。原设计坝高33.38米，总库容1.202亿立方米。1984年曾进行加固改造，培厚加高主、副坝，大坝加高2.92米，总库容增至1.25亿立方米。1998年再次对水库进行除险加固。水库正常水位66.1米，相应的水面面积8.41平方千米，回水长度5.16千米。

工程由大坝、溢洪道、输水隧洞和坝后电站4部分组成。①主坝为黏土心墙土坝。主坝长360米，坝顶宽6米。副坝15座，其中4座浆砌石坝，11座土坝，总长2 000米，最大坝高24.4米，坝顶宽6米。②溢洪道为开敞式宽顶堰，位于大坝右端山坡上，堰顶净宽45.6米，最大泄量为733立方米每秒，底流式消能。③输水隧洞4座，分别位于主坝右岸山体上的虎头电站涵洞，最大泄量18立方米每秒；8号副坝左岸山体上的第三放水涵管，最大放水量8立方米每秒；2号副坝的第四放水涵管，最大泄量4立方米每秒；非常泄洪洞，最大泄量295立方米每秒。④虎头电站涵洞、第三放水涵管、第四放水涵管出口处均设有坝后电站，总装机6台，装机容量共1 530千瓦，年均发电量250万千瓦时。

工程于1958年动工兴建，1960年竣工蓄水。水库建库蓄水后，淹没那卜、沙陂、双旺3个乡（镇）耕地共6 092亩，搬迁移民3 858人。2007年11月，老虎头水库被水利部大坝安全管理中心鉴定为三类坝。为消除隐患，保障水库安全运行，发挥工程效益，造福人民，2009年，该水库除险加固工程被国家列为扩大内需项目之一开工建设，工程总投资为1.144亿元。

（八）公平水库

公平水库（见图2-127、图2-128）位于广东省海丰县公平镇黄江中上游，因建在公平镇而得名。公平水库集水面积317平方千米，设计总库容3.38亿立方米，正常库容1.63亿立方米，设计灌溉农田面积14 466.67公顷，现灌溉农田11 200公顷；电力装机容量3 140千瓦。

水库主要建筑物包括主坝、3座副坝、溢洪道、输水洞和电站等，主坝为均质土坝，坝顶高程20.5米，最大坝高19.5米，坝顶长2 064米，坝顶宽6米，3座副坝均为均质土坝，坝顶总长 4 038 米，最大坝高 11 米，溢洪道为开敞式泄洪闸，堰顶高程 9.25 米，3 孔闸门尺寸为 10.0 米 × 7.25 米，采用弧形钢闸门，犹如飞舞的银缎穿山越岭横跨公平、城东、可塘、陶河、赤坑及至市城区的东冲、田乾、遮浪，蜿蜒伸进东南沿海地区。

图2-127 公平水库主坝（汕尾市水务局供）

水库于 1959 年 10 月动工兴建，1960 年 2 月主体工程竣工。水库建成以后经多次扩建与加固，1988 年加固后形成现有工程规模。1998 年 12 月 28 日，广东省人民政府批准成立了海丰县公平大湖省级自然保护区，对公平水库周围生态环境和

图2-128 公平水库全景（汕尾市水务局供）

珍稀动物水禽资源加强保护。2003 年初，在公平水库北岸（海紫公路西侧）建设公平水库生态园，占地面积 500 多亩，作为自然保护区中的示范区。

（九）小江水库

小江水库（见图 2-129）处于南流江一级支流小江的下游，位于广西壮族自治区钦州市浦北县与玉林市博白县之间。作为合浦水库群的龙头水库，通过南流江大渡槽及湖海运河输水，联结旺盛江、清水江、闸口、石康、牛尾岭等 5 座大中型水库以及 36 座小型水库，形成合浦水库群。坝址控制流域面积 919.8 平方千米，正常蓄水位 59.27 米，死水位 50.07 米，调洪库容 3.91

图2-129 小江水库（钦州市水利局供）

亿立方米，校核洪水位 63.95 米，总库容 10.2 亿立方米，多年平均径流量 78 985 万立方米，是一座以防洪、灌溉为主，兼顾发电、供水等综合利用的大型水库。

小江枢纽主要建筑物包括主坝、副坝、溢洪道和电站等。主坝 1 座，为心墙

混凝土坝，坝高 42.6 米，坝顶高程 69.97 米，坝顶长 890.0 米；副坝 16 座，总长
1 028.0 米，最大坝高 26.55 米；溢洪道 2 座，堰顶高程分别为 56.27 米、51.77 米，
最大泄量 1 706 立方米每秒和 1 218 立方米每秒；灌溉放水涵 6 座，最大泄量 85 立
方米每秒；4 号坝后小江电站 1 座，装机 3 台，总装机容量 2 600 千瓦，担负着灌溉、
防洪、发电并向铁山港区工业、北海市区、灌区供水，补水蓄水，保障供水等职责。
设计灌溉面积 9.72 万亩。通过调蓄洪水交错洪峰，减轻了南流江下游的洪水灾害。

枢纽工程于 1958 年 10 月动工兴建，1960 年 4 月基本建成，1963 年开始灌溉。
水库通过与旺盛江水库联合调度，为下游的农业灌溉和城镇用水发挥了较大作用，
但由于该工程属 1958 年的"三边"工程，施工质量差，加上已运行 40 多年，1992
年鉴定为三类病险水库，1999 年除险加固工程相继实施并于 2006 年底通过竣工验收。

（十）旺盛江水库

旺盛江水库（见图 2-130 ~ 图 2-133）位于广西壮族自治区博白县、浦北县、
合浦县的交界处，浦北县石埇镇旺盛江村。水库坝址控制流域面积 133 平方千米，
坝址多年平均径流量 11 730.6 万立方米。坝高 28.80 米，坝长 295.00 米，最大泄洪
流量 151.8 立方米每秒。坝顶高程 50.04 米，设计洪水标准 100 年一遇，校核洪水
标准 2 000 年一遇，校核洪水位 47.89 米，设计洪水位 47.11 米，正常蓄水位 46.87 米，死水位 43.5 米。总库容 15 040 万立方米，调洪库容 2 836 万立方米，兴利库容 4 461 万立方米，死库容 7 743 万立方米，正常蓄水位相应水面面积 16.8 平方千米。

图2-130　旺盛江水库主坝（旺盛江水库管理处供）

图2-131　旺盛江水库11号~12号副坝（旺盛江水库管理处供）

旺盛江水库主要建筑物包括主坝 1 座、副坝 39 座、溢洪道 5 座、放水涵管及隧洞 30 座、连通渠 10 处。该水库

与小江水库联合设计灌溉面积5.41万公顷，有效灌溉面积4.67万公顷，最大实灌面积5.27万公顷，防洪保护下游人口52万人，耕地面积2.67万公顷，发电装机8台，装机容量共1520千瓦。水库主坝为均质土坝，坝顶长295米，坝顶高程50.04米，最大坝高28.8米，坝顶宽6.7米，坝顶为泥结石路面，上游防浪墙顶高程51.15米。水库共有副坝39座，基本为均质土坝，坝顶高程49.50～50.24米，坝顶长40.0～686米，最大坝高5.80～19.88

图2-132　旺盛江水库渠首枢纽（旺盛江水库管理处供）

图2-133　南流江渡槽（旺盛江水库管理处供）

米，坝顶宽3.60～8.5米。旺盛江水库共有5座溢洪道，除古楼坡溢洪道外，其余溢洪道均为堰闸形式。

水库于1958年10月动工兴建，1960年4月竣工，1999年开展除险加固，2006年底通过竣工验收。

（十一）龙颈上水库

龙颈上水库（见图2-134、图2-135）位于广东省揭西县五经富区的榕江南河支流五经富水上游。水库正常蓄水位98米，设计洪水位102.5米，校核洪水位105.41米。库区淹没耕地面积0.24万亩，其集雨面积285万平方千米，总库容1.66亿立方米。防洪标准采用200年一遇洪水设计，2000年一遇洪水校核，设计洪水位102.57米；校核洪水位105.67米；正常蓄水位98.0米。水库是以灌溉为主，兼有防洪、发电等综合利用的大（2）型水利工程。

主坝为均质土坝，最大坝高57.2米，坝顶长266米。副坝1座，土坝，最大坝

图2-134　龙颈上水库大坝（揭阳市水利局供）

图2-135　龙颈上水库航拍（揭阳市水利局供）

高 11.6 米，坝顶长 60 米。溢洪道在主坝右岸，净宽 34.4 米，1962 年安装钢平板闸门 4 扇，钢筋混凝土平板闸门 8 扇，1965 年全部改为钢平板闸门，并于 1966 年全部改用电动启闭，设计最大泄洪流量 2 840 立方米每秒。输水隧洞断面直径 2.6 米，设计最大输水流量 76.3 立方米每秒。1966 年建成河岸式地下电站，装机 3 台，装机容量 9 600 千瓦。

水库大坝及溢洪道于 1958 年 10 月动工，1960 年 4 月完成。1964 年冬加固大坝，坝顶高程由 103.18 米加高至 106.39 米，并加筑 1 米高的防浪墙。1986 年冬进行溢洪道改建，把原 12 孔改为 4 孔，设钢质弧形闸门 4 扇，设计溢洪量为 4 410 立方米每秒。1998 年经再次加固而成现在的规模。

（十二）汤溪水库

汤溪水库（见图 2-136 ～图 2-138）位于广东省潮州市饶平县汤溪镇的黄冈河中游，水库集水面积 667 平方千米，多年平均降水量 1 751 毫米，多年平均径流量 6.38 亿立方米。汤溪水库是一座以灌溉、防洪为主，结合发电的大型水库工程。汤溪水库防洪标准按 100 年一遇洪水设计，2 000 年一遇洪水校核。正常高水位 56.00 米，相应库容 2.864 亿立

图2-136　汤溪水库库区（潮州市水务局供）

方米；校核水位 60.72 米，相应库容 3.81 亿立方米。该水库以灌溉、防洪为主，兼有发电、养鱼等综合效益。

水库主、副坝均为均质土坝，最大坝高 43 米，坝顶长 452 米，先后采用水中倒土和碾压法填筑。副坝 1 座，位于右岸山坳，最大坝高 35 米，坝顶长 327 米。溢洪道设于右岸，净宽 50 米，设有 5 孔宽 10 米、高 7.5 米的弧形钢闸门控制，设计最大泄洪流量 3 570 立方米每秒。输水洞设于主坝右侧，断面直径 2.7 米，设计最大输水流量可达 50 立方米每秒。坝后电站装机 6 台，装机容量共 7 220 千瓦。常溢洪道在主坝右岸的长堤副坝，净宽 18.4 米，堰顶高程 33.81 米（水库正常高水位 34.81 米），设钢筋混凝土弧形闸门，设计最大泄洪流量 317 立方米每秒。

图2-137 汤溪水库主坝（潮州市水务局供）

汤溪水库于 1958 年 9 月动工，1960 年 12 月竣工。竣工后至 1984 年春，先后对压力管、主副坝、溢

图2-138 汤溪水库副坝（潮州市水务局供）

洪道闸门和鼻坎等进行处理、改善，灌溉面积扩大到 14.57 万亩。1992 年对排洪明渠进行裁弯取直。2000 年对水库进行除险加固。后经多次改建加固，先后对压力管、主副坝、溢洪道闸门和鼻坎等进行处理、改善。

（十三）罗坑水库

罗坑水库（见图 2-139）位于广东省茂名市电白区东北部的罗坑镇，在鉴江流域袂花江上游。集水面积 77 平方千米，总库容 1.137 5 亿立方米，担负电白区 17 个镇、2 个国营农场和茂南区 1 个镇共 22 万亩农田的灌溉任务；还可向电白区热水水库、河角水库灌区、共青河灌区补充水源。水库防洪面积 12 万亩。坝后电站装机 3 台，容量 970 千瓦，年发电量 400 千瓦时。该水库是以灌溉为主，兼有防洪、发电、养鱼等综合效益的大（2）型水库。

水库主体工程由主坝、3 座副坝、条形山坝、溢洪道、输水涵洞、电站等组成。主坝和 3 座副坝均为均质土坝，主坝最大坝高 35.0 米，坝顶高程 119.53 米，坝顶长

210.0 米；副坝最大坝高 27.05 米，坝顶高程 119.28 米，坝顶长 765.0 米，条形山坝坝顶高程 120.28 ～ 121.93 米，坝顶长 275.6 米；溢洪道为有闸控制宽顶堰，最大泄量 1 344.04 立方米每秒；输水洞为压力涵管，管径 1.55 米，进口底高程 92.34 米，最大泄量 24.312 立方米每秒。

图2-139　罗坑水库（《人民珠江》供）

工程于 1959 年 12 月动工兴建，1961 年 10 月建成。建库以来，水库先后经历了 5 次除险加固。在 1988 年广东省水电厅批准溢洪道改建工程纳入 1987 年广东省基建项目时，将开敞式溢洪道改为 3 孔有闸控制溢洪道，并将防洪设计标准由 100 年一遇提高到 300 年一遇。

（十四）灵东水库

灵东水库（见图 2-140）又称东湖，位于广西壮族自治区灵山县城，在号称灵山第一峰的罗阳山翠峦环抱中，水库以灌溉为主，兼顾养殖和发电。坝高 30.88 米，最大泄洪流量 964 立方米每秒。坝顶高程 106.37 米，设计洪水标准 500 年一遇，校核洪水标准 5 000 年一遇，校核洪水位 104.39 米，设计洪水位 102.73 米，正常蓄水位 98.49 米，死水位 87.09 米。总库容 1.69 亿立方米，调洪库容 0.86 亿立方米，兴利库容 0.7 亿立方米，死库容 0.13 亿立方米，正常蓄水位相应水面面积 7.15 平方千米。水库为大（2）型水库，工程等别为 Ⅱ 等，大坝为二级建筑物。

灵东水库枢纽主要建筑物由大坝、溢洪道、放水设施和坝后电站组成。大坝为均质土坝，最大坝高 30.88 米，防浪墙高 1 米，坝顶长 1 824 米、宽 7 米。大坝上游坡为干砌石砂浆勾缝护坡，背水坡设堆石棱体作为排水设施，坝堤西下三级斜坡。

水库始建于 1958 年，建成于 1963 年 5 月，是当时全国兴修的十大水库之一。

图2-140 灵东水库（《广西水利水电》供）

（十五）洪潮江水库

洪潮江水库（见图2-141、图2-142）位于广西壮族自治区北海市合浦县星岛湖乡，水库东为合浦县石湾镇，西为钦南区那思镇，南为合浦县乌家镇，北为灵山县文利镇。横跨钦南区、灵山县、合浦县三地。水库以灌溉为主，兼有防洪、发电、供水功能。坝高34.80米，最大泄洪流量1 281立方米每秒。坝顶高程31.8米，设计洪水标准100年一遇，校核洪水标准2 000年一遇，校核洪水位30.12米，设计洪水位29.11米，正常蓄水位28米，死水位22米。总库容7.14亿立方米，调洪库容1.99亿立方米，兴利库容2.93亿立方米，

图2-141 洪潮江水库库区（北海市水利局供）

图2-142 洪潮江水库大坝（北海市水利局供）

死库容2.54亿立方米，正常蓄水位相应水面面积66.4平方千米。

水库枢纽工程主要由主坝、6座副坝、2座溢洪道、2座放水涵洞组成。主坝为混凝土心墙土坝，最大坝高34.8米，坝顶长345.0米；6座副坝均为土坝，全部位于库区右岸，坝项高程30.4～31.58米，溢洪道均为闸门控制的宽顶堰，最大泄洪量

为 1 281 立方米每秒；放水涵 2 座，最大放水量 30 立方米每秒；灌区主要工程有总干渠 1 条，长 3.885 千米；干渠 3 条，总长 61.52 千米；支渠 58 条，全长 288.22 米，支斗涵闸 265 座；水闸 113 座；此外，利用渠道跌水建电站 3 座，装机容量 1 150 千瓦，平均年发电量 430 万千瓦时。

洪潮江水库于 1959 年 10 月动工兴建，1964 年 5 月建成。1995 年，景区被广西壮族自治区人民政府定位为自治区级旅游度假区。2002 年，洪潮江水利风景区被国家水利部授予"国家水利风景区"称号。经过几十年的运用，水库存在大坝迎水坡被冲坏、主坝混凝土心墙顶部高程偏低、溢洪道严重老化等诸多安全隐患。2007 年对水库进行了除险加固，并于 2010 年完工。

（十六）大隆洞水库

大隆洞水库（见图 2-143、图 2-144）位于广东省台山市西南大隆洞河上游，水库坝址集水面积 148 平方千米，多年平均降水量 2 423.3 毫米，多年平均径流量 2.368 亿立方米。水库的工程任务是以灌溉、防洪为主，兼顾发电、养鱼等。大隆洞水库防洪标准按 100 年一遇设计，2 000 年一遇校核，设计洪水位 35.42 米，校核洪水位 38.11 米，正常高水位 30.80 米，死水位 14.00 米；总库容 2.964 亿立方米，正常水位相应库容 1.686 亿立方米，兴利库容 1.576 亿立方米，死库容 0.11 亿立方米，属多年调节水库。该水库是一座以灌溉为主，兼顾防洪、发电、养鱼综合利用的大型水库。

图2-143　大隆洞水库全景（江门市水利局供）

图2-144　大隆洞水库主坝（江门市水利局供）

主坝为均质土坝，最大坝高 39.2 米，坝顶长 444 米。副坝 1 座，位于右岸山坳，最大坝高 25.7 米，长 175.6 米。开敞式溢洪道设于主坝左侧，净宽 24 米，分 3 孔设 8×4.5 米弧形钢闸门 3 扇。设计最大泄洪流量 903 立方米每秒。输水管设于副坝，直径 1.9 米，钢筋凝土结构，内镶钢管，设计最大流量 34.4 立方米每秒。

主、副坝于 1958 年 9 月动工兴建，1959 年 10 月竣工。灌区渠道及附属建筑物于 1959 年冬开工，1960 年春耕前完成。溢洪道于 1964 年动工，1967 年竣工。主坝于 1975 年进行复核加固，将主坝加高 2 米，培厚 5 米，副坝亦相应加高培厚，全线建防浪墙高 1 米。加固工程于 1977 年 4 月完成。水库于 2001 年 6 月至 2004 年 9 月开展了除险加固。加固内容包括坝体劈裂灌浆、坝基帷幕灌浆、闸室改建、进库公路等。

（十七）龙潭水库

龙潭水库（见图 2-145）位于广东省汕尾市陆丰市陂洋镇龙潭村的龙江支流龙潭河上游，水库集水面积 156 平方千米，多年平均径流量 2.67 亿立方米。龙潭水库的防洪标准按 100 年一遇设计，2 000 年一遇校核，设计洪水位 74.47 米，相应库容 0.92 亿立方米；校核洪水位 76.27 米，相应库容 1.059 亿立方米；正常蓄水位 73.0 米，相应库容 0.819 2 亿立方米；死水位 45.0 米，相应库容 0.013 1 亿立方米。该水库是一座以

图2-145 龙潭水库（汕尾市水务局供）

灌溉为主，兼顾发电、供水和防洪等综合开发效益的大（2）型枢纽工程。

龙潭水库主要建筑物包括主坝、副坝、溢洪道、发电输水洞、电站等。主坝为均质土坝，长 250.0 米，坝顶高程 78.5 米，防浪墙顶高程 79.85 米，最大坝高 48.5 米，坝顶宽 8.0 米，迎水坡高程 45.0 米以上为混凝土护坡；副坝 1 条，为均质土坝，长 40.0 米，最大坝高 9.0 米，坝顶宽 8.0 米；溢洪道为驼峰堰式，堰顶高程 68.64 米，共 5 孔，总净宽 50.0 米，采用液压启闭弧形钢闸门，设计泄洪流量 1 363 立方米每秒，校核泄洪流量 1 993 立方米每秒；发电输水洞进口高程 45.0 米，内径 2.5 米，为钢筋混凝土衬砌，设计流量立方米每秒；灌溉高涵进口高程 56.16 米，内径 1.4 米，设计流量 19.7 立方米每秒，实际流量 0.3 立方米每秒；坝后电站装机容量 4×1 000 千瓦，多年平均发电量 1 228 万千瓦时。

龙潭水库于 1958 年 9 月动工兴建，1960 年 1 月主坝竣工，由于施工质量不好，同年 6 月 9 日遇大暴雨袭击后，主坝沉陷达 1.69 米，坝身出现多处裂缝，背水坡出现漏水。当时对漏水做了处理，并对土坝加高 2 米，1963 年又加高主坝 2 米，1966 年在溢洪道上增建闸门，1976 年冬再对主坝培厚和加高 0.5 米，坝顶宽由 2 米扩至 8 米，建防浪墙高 1 米，迎水坡上半部建混凝土护坡，增建一座直径为 2.5 米的输水隧洞，

堵塞原建的不安全的低涵放水管。

（十八）益塘水库

益塘水库（见图2-146）位于五华县城西北方向，是梅州市最大的水库。水库

集雨面积251平方千米，库区水面面积1.2万亩，山地面积2万多亩。水库防洪标准按100年一遇设计，2 000年一遇校核。水库正常蓄水位153.00米，设计洪水位155.54米，校核洪水位157.52米。总库容1.66亿立方米，兴利库容1.07亿立方米。水库为Ⅱ等工程，主要建筑物级别为二级。

图2-146　益塘水库（梅州水利设计院供）

水库由矮车、潭下两库区及竹山联通渠组成。有主坝2座、副坝7座，均为土坝。矮车主坝最大坝高42米，坝顶高程159.25米，坝顶长270米。潭下主坝最大坝高22米，坝顶高程160.3米，坝顶长630米。副坝共长357米，最大坝高20米。竹山联通渠长800米，底宽34米，底高程149米。溢洪道设在潭下主坝左岸，净宽24米，设3孔8米×4米弧形钢闸门，设计最大泄洪流量813立方米每秒。主、副坝输水洞共3座，设计最大输水流量共46立方米每秒。坝后小水电站装机4台，装机容量共1 934千瓦。

水库于1971年10月动工兴建，1974年2月建成。1978年、1980年分别对拦河坝及坝肩结合处进行了充填灌浆处理。2009年，经安全鉴定评定为二类坝，对工程进行除险加固。

（十九）东湖水库

东湖水库（见图2-147）位于广东省阳江市那龙镇那龙河上游。水库主要建筑物防洪标准按100年一遇设计，2 000年一遇校核。设计洪水位32.59米，校核洪水位33.73米，正常高水位31.00米，死水位20.00米。总库容1.27亿立方米，调洪库容0.597亿立方米，兴利库容0.801亿立方米，死库容0.095亿立方米。电站装机4台机组，东湖水库与下游的黑湾拦河坝组成东湖水库供水灌溉系统，3条大干渠灌溉着阳东县6个镇和2个农场，以及恩平市大槐镇佛良管区一带农田，总灌溉面积达127.5万亩。该水库是一座以灌溉、防洪为主，兼顾发电、养殖、旅游等综合利用的大（2）型水库。

水库库区建筑物由主坝、5座副坝、1座输水涵管、1座引水隧洞、溢洪道和装机480千瓦的坝后电站组成。灌区由29千米的南干渠、6千米的北干渠（那龙支架）、水库下游的红江拦河闸及东、西干渠组成。主、副坝均为均质土坝，主坝坝顶高程

36.7 米，最大坝高 30.3 米，坝顶长 130.0 米；副坝最大坝高 24.3 米，坝顶长 432.3 米。溢洪道形式为驼峰堰，堰顶高程 28.0 米，最大泄量 217 立方米每秒。输水洞为钢筋混凝土压力管，断面直径分别为 1.2 米、1.4 米，进口底高程分别为 22.25 米、20.0 米，最大泄量分别为 4.72 立方米每秒、10.25 立方米每秒。

工程始建于 1959 年 11 月，1974 年 6 月竣工。2006—2009 年对主、副坝等项工程进行除险加固。东湖在 1993 年批为旅游区，湖区水面星星点点分布着 108 个岛，故名曰"东湖星岛"。

图2-147　东湖水库（阳江市水务局供）

（二十）小峰水库

小峰水库（见图 2-148）位于广西壮族自治区防城港市防城区扶隆镇，主坝建筑在防城河支流电六江的大坝峡谷口。水库坝址控制流域面积 54.50 平方千米，正常蓄水位 182 米，死水位 160 米，调洪库容 2 710 万立方米，校核洪水位 186.15 米，总库容 1.03 亿立方米，多年平均径流量 1.41 亿立方米。水库以防洪、灌溉、供水为主，结合发电等综合利用。

图2-148　小峰水库（《广西水利水电》供）

水库主体工程建筑物有：均质土坝座，坝顶高程 186.50 米，坝顶长 378 米，坝顶宽 7～8 米，最大坝高 42 米。副坝土坝 3 座，均位于水库北面那勉沟的分水岭处。其中 1 号副坝最大坝高 15.60 米，坝顶宽 6 米，坝顶长 172 米；2 号副坝最大坝高 6.7 米，坝顶宽 6 米，坝顶长 110 米；3 号副坝最大坝高 5.70 米，坝顶宽 6 米，坝顶长 78 米。溢洪道 1 座，位于主坝右端，由进水段及闸室、陡坡、消力池、尾水渠和护岸等部分组成。溢流堰顶高程 176 米，设有 9 米 × 6 米钢板弧形闸门，最大泄洪流量 1 008 立方米每秒。

工程于 1978 年 10 月动工兴建，1982 年基本建成投入运行，1990 年 1 月全部建成。2001 年以前，水库由防城区水利局管理；2002 年由防城港市水利局管理。

（二十一）大河水库

大河水库（见图 2-149）位于广东省阳江市阳春市境内，是漠阳江支流西山河 4 级开发的第二级工程。坝址集水面积 438 平方千米，多年平均降水量 2 146 毫米，多年平均径流量 7.58 亿立方米。大河水库是以防洪为主、兼顾发电、灌溉、供水和改善下游航运条件等综合利用的大（2）型水利工程。大河水库防洪标准按 100 年一遇设计，2 000 年一遇校核，设计洪水位 114.81 米，校核洪水位

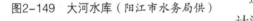

图2-149 大河水库（阳江市水务局供）

115.98 米，正常蓄水位 110.00 米，汛期限制水位 110.00 米；总库容 3.322 亿立方米，兴利库容 1.425 4 亿立方米。

水库主要建筑物有主坝、4 座副坝、溢洪道、泄洪洞、输水洞和电站等。主坝为钢筋混凝土面板堆石坝，最大坝高 69.5 米，坝顶长 240.0 米，坝顶宽 7.0 米；副坝 4 座，均为均质土坝，最大坝高 16.0 米；溢洪道为开敞式驼峰堰，泄洪闸设 2 孔，每孔 12.0 米宽，最大泄量 1 950 立方米每秒，采用底流消能；泄洪洞原为导流洞，为混凝土圆形有压隧洞，管径 5.5 米，进口底高程 77.0 米，最大泄量 438 立方米每秒；发电输水洞进口底高程 80.0 米，管径 4.8 米，最大泄量 84.2 立方米每秒；电站装机 2 台，总装机容量 3 万千瓦。

水库主体工程于 1994 年 4 月正式开工，1998 年 10 月下闸蓄水，1999 年 5 月电站并网发电，2003 年 9 月通过竣工验收。水库建成后，经受了 2000 年 10 月、2001 年 7 月和 2002 年 9 月等多次洪水考验。

（二十二）鉴江供水枢纽

鉴江供水枢纽（见图2-150）工程是鉴江下游最后一级水资源综合利用工程，设计正常蓄水位2.5米，死水位-2.0米，有效库容8 977万立方米，年平均供水量约2.45亿立方米每秒。本工程供水对象主要为湛江钢铁基地，兼顾湛江市东部的东海岛、南三岛、坡头区等生产和生活用水，工程等别为Ⅰ等，工程规模为大（1）型。

图2-150 鉴江供水枢纽（张会来摄）

主要建筑物包括闸坝、通航船闸、连接土坝、小码头、管理所等。其中左河汊拦河闸坝段14孔，长231米；右河汊拦河闸坝段18孔，长297米。闸坝总长528米，高12.2米，闸顶高程8.2米，闸底建基面高程-4.0米。

工程于2009年开始施工，2013年正式建成。

四、海南岛诸河及韩江水系

（一）长茅水库

长茅水库（见图2-151）位于海南岛乐东县中部的望楼河干流上，是望楼河流域规划中的主要调节水库。长茅水库集水面积256平方千米，占望楼河流域的31%，集雨区为尖峰岭暴雨区，降雨以台风雨为主，多年平均降水量1 500毫米，多年平均径流量1.705亿立方米。水库防洪标准按100年一遇设计，2 000年一遇校核。设计洪水位162.56米，相应库容1.161亿立方米；校核洪水位163.67米，总库容1.421亿立方米，其

图2-151 长茅水库（海南省水务厅供）

中兴利库容 1.05 亿立方米，死库容 0.056 亿立方米。长茅水库是望楼河流域的主要调节水库，水库以灌溉为主，兼有防洪、发电、养鱼等综合利用效益。

长茅水库有主坝、2 座副坝、2 座溢洪道、放水涵和坝后电站等。主坝为均质土坝，坝顶高 164.5 米，防浪墙顶高程 165.8 米，最大坝高 36.5 米；第一、二副坝为均质土坝，坝顶高程 164.3 米，最大坝高 12.5 米；第一、二溢洪道均为有闸控制开敞式溢洪道，共 5 孔，每孔净宽 12.0 米，堰顶高程 155.0 米，最大泄量 2 792 立方米每秒；输水涵洞为管径 1.5 米内衬钢管钢筋混凝土压力管，进口底板高程 141.0 米，最大过水流量 18 立方米每秒；坝后电站装机 2 台，总装机容量 1 600 千瓦，多年平均发电量 770 万千瓦时。

水库于 1958 年 12 月动工，1964 年 8 月建成。河南"75·8"洪水后，增加了主坝防浪墙 1.3 米，增建了第二溢洪道，1996 年安全加固达部颁标准。2011 年 3 月，水利部大坝安全管理中心对鉴定报告进行了书面和现场核查，认为坝顶高程不满足超高要求。2015 年 10 月除险加固工程正式实施，2016 年完成。

（二）万宁水库

万宁水库（见图 2-152）位于太阳河中游的万宁市长丰镇，流域多年平均降水量 2 560 毫米，多年平均径流深 1 500 毫米。水库集水面积 429 平方千米，占太阳河流域面积的 75%。万宁水库设计防洪标准 100 年一遇，相应水位 21.65 米、库容 0.84 亿立方米；校核防洪标准 2 000 年一遇，相应水位 24.04 米、总库容 1.52 亿

图2-152　万宁水库（海南省水务厅供）

立方米；正常蓄水位 21.20 米，相应库容 0.76 亿立方米；死水位 15.2 米，相应库容 0.08 亿立方米。

主、副坝均为均质土坝，主坝 1 座，最大坝高 19.35 米，坝顶长 860 米；副坝 3 座，总长 2 390 米，最大坝高 7.5 米。泄洪闸在主坝河床段净宽 72 米，装有 6 扇弧形钢闸门，每孔净宽 12 米、高 6.3 米，设计最大泄洪流量 3 220 立方米每秒。输水涵管 2 座，直径分别为 1.4 米和 2.0 米，设计最大输水流量 34.1 立方米每秒。坝后电站 2 座，共装机 1 380 千瓦。

水库于 1959 年 3 月动工兴建，1964—1967 年改建，1968 年 6 月建成，1978 年扩建为大型水库。1994 年增建事故检修闸门，采用 3 块钢叠梁组合门，移动式天车启闭，并在右侧墙边建闸门操作室。

（三）松涛水库

松涛水库（见图 2-153）北起纱帽岭，南至细水山区，东面与琼中县接壤，西与白沙县毗邻。水库正常高水位 190 米，相应库容 25.95 亿立方米；防洪标准按 1 000 年一遇设计，相应水位 191.90 米，库容 28.78 亿立方米；"可能最大洪水"校核，相应水位 195.3 米，库容 33.40 亿立方米，是多年调节水库。松涛水库集水面积达 1 496 平方千米，水库面积达 130 平方千米，总库容 33.45 亿立方米。

图2-153 松涛水库（海南省水务厅供）

库区枢纽工程由主坝 1 座、副坝 7 座、溢洪道 1 座、输水隧洞及导流洞各 1 座组成。水库蓄水后，库内有 300 座山岭变成了岛屿。主坝为碾压式均质土坝，坝顶高程 197.1 米，最大坝高 80.1 米，是海南省建成的最高土坝。坝顶宽 6 米，长 730 米，防浪墙顶高程 198.1 米。主坝修筑在两种不同岩性的地层上，右岸为坚硬完整的花岗岩，左岸为风化较深的石英砂岩，河中段为两种岩石接触带，胶结严密，河床基岩毕露。

工程于 1958 年 7 月开工，1961 年冬停工，1963 年 10 月复工，1968 年大坝主体完工。1958 年 7 月，解放军某部第二分队奉命挖掘导流洞，标志着兴建松涛水库的序幕全面拉开。1960 年 2 月，在水库兴建的关键时期，周恩来总理专程到儋州考察松涛水库的建设情况，并为松涛水库题写名称（见图 2-154）。1963 年，松涛水库首次成功放水。1961 年 9 月大坝停工，劳动力转到开发灌区，至 1963 年 3 月，输水洞打通，尾水渠按临时断面通水。总干渠长 6.5 千米，以下分东、西干渠，

图2-154 周恩来总理题写的松涛水库
（松涛水库供）

西干渠先挖至儋县沙河水库以后至乐园，长 26 千米，东干渠前段 6 千米及那大分干渠前段 6.5 千米按临时断面挖通，开始发挥效益。1964 年大坝复工，至 1967 年 6 月按设计完成。

（四）石碌水库

石碌水库（见图 2-155）位于海南省昌江黎族自治县石碌镇石碌河中游。库区水面横贯昌江、白沙两县，为海南五大水库之一。水库集雨面积 353.63 平方千米，流域多年平均降水量 1 600 毫米，多年平均径流量 2.65 亿立方米。水库正常蓄水位 127.6 米，相应库容 9 888 万立方米；设计洪水位（$P=1\%$）127.79 米，相应库容10 055.8 万立方米；校核洪水位 131.29 米，相应库容 14 128 万立方米。设计灌溉面积 15 万亩（水稻 9 万亩、旱作物 6 万亩）。是一座以灌溉为主，兼有防洪、发电、生活用水功能的大（2）型水库。

图2-155　石碌水库（*海南省水务厅供*）

石碌水库库区工程有主坝 1 座，副坝 3 座，均为均质土坝。主坝最大坝高 35 米，坝顶长 716 米，副坝总长 807 米，最大坝高 20.8 米。深孔泄洪闸 1 座，总净宽 35 米，分 5 孔，每孔设 7 米 ×7 米弧形钢闸门，设计最大泄洪流量 2 625 立方米每秒，20世纪 80 年代增建 1 座 5 孔溢洪道，净宽 60 米，新旧溢洪道合计最大泄洪流量 6 275立方米每秒。输水涵 1 座，直径 2 米，设计最大输水流量 15.23 立方米每秒。坝后电站 1 座，装机容量 1 000 千瓦。

1958 年 4 月 27 日，昌江黎族自治县开始动工建设石碌水库。1960 年 2 月，石碌水库开始发挥效益，开挖渠道 39 千米。1964 年 6 月开始，海南水电局地勘队在原工作基础上，对水库枢纽进行了全面的扩大初设阶段工程地质勘测。1965年，经水电部规划局审查确定，石碌水库为大型工程，在原土坝上贴坡加高到132米高程。1976年底，按大（2）型规模完成库区枢纽工程。1980年开始，石碌水库再建新泄洪闸，该工程到1984年底竣工。水库加固后仍然达不到设计要求，目前主汛期限制126米运行。

（五）陀兴水库

陀兴水库（见图2-156）位于海南省东方市感恩河的感城镇境内。改（扩）建前（一期）死水位40.23米，正常蓄水位53.23米，设计洪水位58.53米，校核洪水位60.93米。除险加固后的陀兴水库设计防洪标准为100年一遇，校核防洪标准为2 000年一遇。设计洪水位60.06米，校核洪水位63.35米，正常蓄水位54.00米，死水位43.00米，总库容1.323亿立方米，兴利库容0.38亿立方米，死库容0.095亿立方米。水库的任务是以农业灌溉为主，兼顾供水、发电，是海南省东方市、乐东县重要的骨干水利工程。

陀兴水库主要由左岸非溢流坝段、河床溢流坝段、右岸非溢流坝段、右岸土坝、输水涵管及坝后电站组成。其中左岸浆砌石非溢流段坝顶宽6.0米，最大坝高37.3米；河床浆砌石溢流坝长82.0米，坝高29.0米；右岸土坝段的浆砌石圆锥形过渡段（连接段）长77.4米，坝顶宽6.0米，最大坝高26.5米，土坝坝顶高程65.6米，非溢流坝坝顶高程65.0米；输水涵管布置在左岸非溢流段内，管径1.9米，进口底高程37.73米，最大泄量20立方米每秒；溢洪道为开敞式WES型堰，堰顶高程54.0米，最大泄量6 060立方米每秒；电站装机3台，装机容量1 125千瓦，多年平均发电量300万千瓦时。

图2-156　陀兴水库（海南省水务厅供）

水库于 1969 年 5 月开工，1977 年建成。陀兴水库浆砌石坝第一次充填灌浆施工于 2005 年 8 月 15 日开工，2006 年 1 月 15 日完工；第二次帷幕灌浆施工于 2006 年 8 月开始，2006 年 12 月完工。

（六）牛路岭水库

牛路岭水库（见图 2-157）又名万泉湖，在海南省琼海市西南与琼中县及万宁市三县交界处，万泉河上游乐会水上，因库区有山名牛路岭得名。

牛路岭水库坝址上游汇水面积 1 236 平方千米，占乐会水流域面积的 89.1%，占万泉河流域面积的 33.2%。水库正常蓄水位和汛限水位均为 105.00 米，相应库容 5.30 亿立方米，电站装机 8 万千瓦，总库容 7.78 亿立方米，死水位 80.00 米，相应库容 1.13 亿立方米，无防洪库容。

图2-157 牛路岭水库（海南省水务厅供）

牛路岭水库采用的是混凝土空腹重力坝，坝高 90.5 米，坝顶长 341.2 米。电站厂房布置在坝内，溢流坝共有 8 个坝段（7 孔），其中机组占 4 个坝段，溢流孔口尺寸为 8.5 米 × 15.65 米，闸墩厚 4 米，溢流坝段总长 83.5 米。牛路岭水电站设计装机 4 × 2 万千瓦，采用天津发电设备厂生产的混流机组，设计水头 61 米，单机流量 39.0 立方米每秒，设计年发电量 2.81 亿千瓦时。电站属坝内厂房，尺寸为 68.8 米 × 13.9 米 × 28.5 米。

工程于 1976 年开工，1 号和 2 号机组于 1979 年 12 月试机投产；3 号和 4 号机组分别于 1981 年 1 月和 1982 年 12 月相继发电。工程全部由国家投资。1986 年 6 月正式竣工验收。电站运行以来，各方面状况良好。年最高发电量超 3 亿千瓦时。电工二次回路新技术运行正常，经历 1989 年 10 月 3 日高水位（107.22 米）考验。

（七）长潭水库

长潭水库（见图 2-159），又名长潭湖，属于国家一类水源保护区，位于闽、粤、赣三省交界地区的广东梅州市蕉岭县石窟河长潭峡谷段中。水库以发电为主，年发电量约 1.55 亿千瓦时，兼有防洪、灌溉、发电功能，是韩江流域第一期开发项目之一。坝址控制流域面积 1 990 平方千米，正常蓄水位 148.0 米，死水位 136.5 米，校核洪水位 156.3 米，调洪库容 7 980 万立方米，总库容 1.72 亿立方米，坝址多年平均径流量 17.55 亿立方米。

图2-158　长潭水库（水库管理处供）

枢纽工程由拦河坝、坝内式厂房及开敞式变电站等组成。拦河坝为混凝土空腹重力坝，最大坝高 71.3 米，坝顶高程 156.30 米，总长 205.5 米，坝顶宽 6.05 米。沿坝轴线自右至左分为 15 坝段，各段宽 13 ～ 15 米不等，溢洪道设在靠左侧 4 ～ 9 号坝段，设置 5 孔 8 米 ×13.6 米的开敞式弧形闸门，并设 1 扇由两节组成的 8 米 ×9.2 米平面检修闸门，最大泄洪流量 2 880 立方米每秒。电站装机 4 台，装机容量 6 万千瓦。大坝上、下游分别建有驳运码头，进库公路布置于大坝左岸，与过坝驳运公路相结合。

工程于 1978 年 3 月开工，1987 年 1 月下闸蓄水，同年 4 月 26 日第一台机组发电，第二、三、四台机组亦分别于同年 5 月 4 日、12 月 30 日、12 月 31 日相继发电。1991 年 3 月工程竣工验收。

（八）大广坝水库

大广坝水库（见图 2-159、图 2-160）工程位于海南省东方市境内昌化江中游，大广坝水库按 1 000 年一遇洪水设计，设计洪水位 140.07 米，最大洪峰流量 31 800 立方米每秒，1 日洪水总量 20.4 亿立方米。校核洪水位 141.97 米，最大洪峰流量 46 000 立方米每秒，总库容 17.1 亿立方米，1 日洪水总量 25.3 亿立方米。正常蓄水位 140.00 米，相应库容 14.95 亿立方米；死水位 116.00 米，死库容 1.78 亿立方米，调节库容 13.15 亿立方米。该工程具有发电、灌溉、供水等综合效益，电站在系统中承担调峰、调频和事故备用的任务。

大广坝水库主要建筑物有拦河大坝、溢流坝、地下主厂房、地面副厂房、开关站、电站进水口和压力钢管、尾水调压井和尾水隧洞、尾水渠灌区高干渠取水口及 1 座 2 兆瓦渠首小电站等。拦河大坝由位于河床中部的混凝土重力坝和两岸接头的土坝组成，全长 5 842.0 米，其中混凝土坝长 719.0 米，大坝坝顶高程 144.0 米，防浪墙顶

图2-159　大广坝水库大坝（海南省水务厅供）

图2-160　大广坝水库库区（海南省水务厅供）

高程145.2米。两岸接头土坝，最大坝高44.0米，其中左岸土坝坝顶高程145.0米，坝顶长2 792.0米；右岸土坝最大坝高44.0米，坝顶长2 331.0米。共布置16孔开敞式溢洪道，堰顶高程126.0米，最大泄量29 066立方米每秒。

1990年6月，国家计委批准该工程正式开工，大坝自1993年12月9日下闸蓄水，同年12月29日第一台机组并网发电，至1995年3月29日，4台机组全部建成投产。1996年11月，大广坝水库首次蓄水到设计正常蓄水位140米。1997年6月，对淘刷部位进行了浆砌石补强，截至2005年，大坝的运行条件较好。2005年第18号强台风"达维"给大广坝水库造成极大破坏，在高水位（139.0米）条件下，大坝受12级台风的袭击，风浪造成左右土坝138.5米高程以上的上游抛石护坡大面积滑坡，土坝护坡严重受损。此后对台风破坏部位进行了抛石护坡修复。2006年5月，修复工程完成。

（九）棉花滩水库

棉花滩水库（见图2-161）位于福建省龙岩市永定区境内的汀江干流棉花滩峡谷河段中部。水库坝址以上控制流域面积7 907平方千米，水库正常蓄水位173.0米，死水位146.0米，调节库容11.22亿立方米，校核洪水位177.8米，相应库容20.35亿立方米。多年平均径流量73.2亿立方米，坝址多年平均流量232立方米每秒。电站年发电量15.2亿千瓦时，工程以发电为主，兼有防洪、航运、水产养殖功能。

工程主要由拦河主坝、副坝、泄洪建筑物、左岸输水发电系统、开关站等建筑物组成。拦河主坝为碾压混凝土重力坝，副坝设在主坝北东湖洋里村垭口，为均质土坝。左岸输水发电系统采用单机单洞引水，二机一尾洞出水。20吨级的转盘式斜面升船机设置在右岸6号坝段，设计远景年竹、木、杂货的过坝量11.2万吨。

中华人民共和国成立后，国家"一五"计划中，棉花滩（汀江）水库赫然在列。1958年，国家重点项目棉花滩水电工程正式动工，1959年，控制基建规模时棉花滩水电工程停工。1978年，国家水电部华东水电勘测设计研究院开展棉花滩水库可行性研究和初

图2-161 棉花滩水库（珠江委档案馆供）

步设计，历经4年完成并上报中央。1982年10月，水电部与福建省政府联合召开审查会，明确了棉花滩要建百米高坝，库容20多亿立方米，装机60万千瓦。1985年，水电部发文批准《审查会议纪要》，但因为建设资金和移民问题无法落实，工程再次下马。1992年2月，国家计委决定安排棉花滩项目，利用亚洲开发银行2亿美元贷款。同年11月，国家能源部、国家能源投资公司批复移民安置规划。1993年5月，国家计委批复项目建议书。1994年10月，时任全国人大常委会副委员长、农工党中央主席卢嘉锡向党中央、国务院提交了建设建议。1995年3月全国两会期间，卢嘉锡找到国务院副总理邹家华，望尽快批复建设。水电部老部长钱正英专程到现场协调解决遇到的困难。1996年5月，福建省委副书记习近平同志调研的第一站就来到棉花滩，鼓励大家一鼓作气，利用好各种资源，争取棉花滩水库早日获得国家批准开工。1997年12月，国务院176次总理办公会议同意棉花滩水库开工建设。1998年3月19日，国家计委正式下达开工令。工程于1998年4月开工，2001年4月第一台机组发电，2001年12月全部竣工投产。

（十）大隆水利枢纽

大隆水利枢纽工程位于海南省三亚市西部的宁远河中下游，大隆水库（见图2-162）属国家重点大（2）型水利工程，也是海南省南部水资源调配的重点工程。水库设计总库容4.68亿立方米，正常蓄水位70米，正常库容3.93亿立方米，防洪库容1.483 93亿立方米，为多年调节水库。被列入国家"十五"计划重点建设项目，工程任务是以防洪、供水、灌溉为主，结合发电。

大隆水利枢纽工程的主要建筑物包括：高程达76.5米的拦河土石坝1座，开敞式溢洪道1座，以及长达330米的引水洞等。工程设计装发电机组3台，年发电量2 891万千瓦时。完工后，可以解决三亚中西部地区长期干旱缺水问题，可增加保灌面积约10万亩。据介绍，大隆水利枢纽建成后，可使宁远河下游城乡的防洪标准，

由现在的 2 年一遇提高到 20 年一遇，增加保灌面积约 10 万亩，年发电量可达 2 891 万千瓦时。

图2-162　大隆水库（海南省水务厅供）

2004 年 11 月开始动工，历经 3 年多的艰苦施工，大隆水利枢纽工程于 2008 年 8 月全面竣工并交付使用。2005 年 9 月 26—29 日，第 18 号台风"达维"侵袭大隆水利枢纽工程，工程发挥了有力的防洪效益。2006 年 6 月至 2007 年 5 月，海南省遭遇了 20 年一遇干旱年，大隆水库有效地缓解了下游农田的旱情，发挥了巨大的灌溉效益。

（十一）戈枕水利枢纽

戈枕水利枢纽（见图 2-163）工程位于海南省西部东方市和昌江黎族自治县境内，枢纽坝址以上集水面积 4 082 平方千米，占昌化江全流域总面积的 81%。戈枕水利枢纽大坝按 100 年一遇设计，混凝土坝按 1 000 年一遇校核，土坝按 2 000 年一遇校核，总库容 1.48 亿立方米，正常蓄水位 54.00 米，死水位 48.00 米，是海南岛第二大河流昌化江干流 3 个梯级规划电站的最下游一个电站，属大广坝灌区的配水枢纽。

戈枕水利枢纽工程主要建筑物有枢纽挡水建筑物、泄水建筑物和渠系建筑物。挡水建筑物由右至左依次为右岸混凝土非溢流坝、溢流坝段、河床式厂房、左岸混凝土非溢流坝、左岸均质土坝。拦河大坝由混凝土重力坝和左岸接头的土坝组成，坝顶总长 1 092.0 米。混凝土重力坝段最大坝高 34.0 米，坝顶宽 6.0 米，坝顶高程 58.5 米，防浪墙顶高程 59.7 米，其中右岸混凝土非溢流重力坝长 166.7 米。左岸混凝土重力坝段长 115.4 米。均质土坝坝顶宽 6.0 米，坝长 437.0 米，最大坝高 22.0 米，坝顶高程59.0米，防浪墙顶高程60.2米。溢流堰为开敞式，共12孔，每孔净宽17.0米，闸门顶高程54.978米，闸门总净宽204.0米，最大泄洪量37 000立方米每秒。

图2-163 戈枕水利枢纽（海南省水务厅供）

工程于2007年2月26日开工，2009年12月18日全部竣工，总投资约10亿元。

（十二）红岭水利枢纽

红岭水利枢纽（见图2-164）工程位于海南省琼中黎族苗族自治县中平镇境内万泉河支流大边河上游。水库为多年调节水库，按500年一遇洪水设计，2 000年一遇洪水校核；校核洪水位171.15米，总库容6.62亿立方米；正常蓄水位168.00米，兴利库容4.68亿立方米。红岭水库灌区工程范围涉及文昌、海口、琼海、定安、屯昌等5个市（县）共58个乡（镇）和国有农场，涉及国土面积875.5万亩。

红岭水库由拦河碾压混凝土重力主坝、右岸分区土石副坝、渠首电站、坝后电站等建筑物组成。碾压混凝土重力坝坝顶高程172.9米，防浪墙顶高程173.7米，最大坝高92.9米，坝顶总长528.0米。土石副坝坝顶高程173.7米，防浪墙顶高程174.9米，最大坝高51.0米。渠首电站和坝后电站布置于河道左侧岸坡上，位于重力坝段下游侧，均为坝后式厂房。渠首电站引水系统采用坝内埋管式，管径2.8米，进口底高程127.9米，装有2台立式发电机组，总装机容量12.6兆瓦，其尾水池后接总干渠。坝后电站采用坝内埋管兼坝后背管式，大机组单机容量23.3兆瓦，小机组单机容量3.2兆瓦。渠首电站和坝后电站总装机容量62.4兆瓦，设计多年平均发电量10 341万千瓦时。

工程于2015年2月开工以来，保质保量完成了134座渡槽、16座隧洞以及393

图2-164 红岭水利枢纽（海南省水务厅供）

千米长主干渠的施工任务。其中，总干渠1号通水隧洞及施工难度最大的2号渡槽都提前完工。2019年11月15日，红岭水库灌区工程主干渠全线贯通，2020年1月试充水，向主干渠沿线的15座中小水库补水。

（十三）迈湾水利枢纽

迈湾水利枢纽（见图2-165）位于南渡江中游河段，地处屯昌与澄迈两县交界处，坝址在海南省屯昌县境内，距屯昌县城约32千米。迈湾水利枢纽控制松涛—迈湾区间，集水面积970平方千米，相应实测多年平均流量33.6立方米每秒，多年平均径流量10.6亿立方米。水库正常蓄水位108米，死水位72米，总库容6.05亿立方米，兴利调节库容4.87亿立方米，防洪库容2.2亿立方米，电站总装机容量40兆瓦，多年平均发电量9 986万千瓦时。近期实施方案正常蓄水位101米，死水位72米，兴利调节库容2.73亿立方米。工程等别属Ⅱ等，工程规模为大（2）型，是实现琼北地区水资源优化配置的关键性工程。工程以供水和防洪为主，兼顾灌溉和发电等综合利用。

枢纽建筑物包括1座主坝，7座副坝和左、右岸灌区渠首。主要建筑物为碾压混凝土重力坝，坝顶高程113.0米，坝顶总长476米，最大坝高75米，由挡水坝段、溢流坝段、进水口坝段、坝后式发电厂房、过鱼设施及右岸灌区渠首等组成；7座副坝均为均质土坝，坝顶轴线总长566米，最大坝高26.5米；左岸灌区渠首位于大坝上游左岸1.2千米处，为引水隧洞形式。

图2-165 迈湾水利枢纽（海南省水务厅供）

迈湾水利枢纽工程采取主坝一次建成，副坝和征地移民分期实施方案。

第四节 大型堤防

一、邕江大堤

邕江是西江水系郁江的南宁河段别称,上起江南区江西镇宋村的左、右江汇合点,下至邕宁区与横州市交界的六景镇道庄村,全长133.8千米,流域面积约6 120平方千米,水面面积约26.76平方千米。史料记载,邕州城墙自宋代修筑以来,频受洪水侵害。1913年邕江发大水,水位达77.95米,整个市区被淹没。后来,邕江于1937年和1968年又发大水,水位分别达到77.25米和76.06米,造成人民群众生命财产的很大损失。1968年大水后,南宁市共拨款4 600万元,1972年建成了江北岸30千米长的防洪堤和江南岸843米长的西园混凝土堤段等,全长41.9千米。但只能防御20年一遇即78.03米高的洪水,从1996年起,南宁市先后投入9亿多元建设邕江大堤(见图2-166),使大堤防洪标准由20年一遇提高到50年一遇。后期不断加固改造,结合百色水库、老口水库,邕宁水利枢纽工程堤防防洪级别提高到200年一遇。

图2-166 邕江大堤（曾祥忠摄）

二、梧州大堤

梧州大堤(见图2-167)分河东、河西两堤,以桂江口为界,桂江口以北堤段称为桂江段,桂江口以东堤段称为西江段。河东堤于2001年2月正式开工建设,

2003 年 6 月，主体工程竣工，当年即发挥防洪作用。2004 年 5 月主体工程全部完工，防洪堤设计水位 25.00 米，堤顶相应水位 26.20 米，上游始于龙母庙，下游止于谭公庙，全长 3.585 千米。其中，桂江段为钢筋混凝土扶壁结构，长 1.69 千米，挡水墙厚 50 ～ 80 厘米，堤顶宽 7.0 米；西江段为钢筋混凝土扶壁框架结构，长 1.895 千米，挡水墙厚 50 ～ 100 厘米，堤顶宽 10.0 米。河西堤位于梧州市城区河西片区，总长 8 343 米，分浔江和桂江两段，整个河西堤于 2001 年全部完工。河西堤原防洪标准仅相当于 30 年一遇，未达到规划防洪标准 50 年一遇的要求，需进行达标加固。工程于 2019 年 11 月开始施工，计划 2022 年 12 月 31 日前完工。

图2-167　梧州大堤（何文华摄）

三、北江大堤

北江大堤（见图 2-168）位于北江下游左岸堤防，是广州市防御西江和北江洪水的重要屏障，为国家一级堤防。大堤从北江支流大燕河左岸的骑背岭起，经大燕河河口清远市的石角镇，沿北江左岸而下，再经三水市的芦苞镇、三水市城区西南镇至南海市的狮山止，干堤全长 63.34 千米。为减轻洪水对北江大堤压力和控制进入广州的流量，大堤设芦苞、西南两座分洪闸，下接芦苞涌和西南涌两条分洪河道。

宋代，这一带地域已开始筑堤防御洪潮。清远市的石角围（今北江大堤石角段）始建于明代，名为清平围。这些堤围至清初虽分散未成为完整堤系，但已具一定规模，且其防护范围较广，关系到广州的防洪安全，北江大堤成为完整堤系之前，防洪能力甚低，在 1915—1949 年的 35 年间，有 1915 年、1931 年、1947 年、1949 年等 4 次大洪水严重决堤致灾。经历了 1915 年大洪水淹广州后，于 1924 年建成芦苞水闸（旧闸），以节制北江洪水经芦苞涌入广州。1954 年 12 月，对从石角至狮山沿北江左岸的石角围、六合围、榕塞围、魁岗围、大良围、沙头围、量凿围等原是分散的堤围进行筑闸联围和全面整修加固，正式定名为北江大堤，并按防御 1915 年决堤洪水设计。工程于 1955 年 2 月竣工。1968 年出现较大洪水以后，于 1969—1972 年对北江大堤第 2 次整修加固，堤顶扩宽至 5 米，堤顶超高仍为 0.5 米，并对部分堤身和堤基灌浆加固，以及对管涌、迎流顶冲的险段进行处理。第 3 次培修加固工程于 1987 年 10 月竣工，并经过 1994 年 6 月西江、北江下游 50 年一遇洪水（1915 年以来的第 2 大洪水）的考验，大堤防洪标准提高到 100 年一遇。

图2-168 北江大堤（张会来摄）

四、五大联围

（一）景丰联围

景丰联围位于珠江三角洲西北部，由景福围（见图 2-169）、广利围、丰乐围等堤围组成。景丰联围全长 60.8 千米，集水面积 565 平方千米，耕地面积 21 万亩。堤防区北靠北岭和鼎湖山，南濒西江左岸，东傍青岐涌。堤线西起三榕峡肇庆的桂林头，沿西江而下，经肇庆市区，鼎湖区的广利街道、永安镇和四会市的大沙镇，至青岐涌南口折向转，绕至青岐涌，在北江支流的绥江分流口四会市的陶冶口止。

肇庆、高要一带是珠江三角洲早期筑堤防洪的地域。位于广利长利涌左岸至西江岸边的塘口村，长 11.2 千米，昔日名为榄江堤，今日成为广利围的长利堤段，修建于公元 996 年，这个堤段大部分现已成为广利围的支堤。景丰联围的其他堤段，也都是在宋、明两代先后建成。长利涌口的长利水闸于 1961 年建成，便把景福、广利、丰乐等堤围联结成完整的堤防系统。景丰联围于 1985 年正式命名。中华人民共和国成立后，在"以防为主"的方针指导下，景丰联围先后经过多次培修加固，后沥、罗隐、长利等几个主要水闸又分别在 20 世纪 50 年代和 60 年代初建成，联结成完整堤系，

缩减线 45 千米，防洪能力有所提高。1982 年经有关水利部门鉴定，堤防的防洪能力为 20 年一遇。1988 年开始加固堤防工程，截至 2012 年底，景丰联围整体加固工程全部完工。景丰联围大堤防洪标准由不足 20 年一遇提高到 50 年一遇，排涝能力提高近 3 倍，形成了"上截、中蓄、下排、外挡"的完整防洪工程体系。2017 年，政府结合城市建设、人文、市政、文化传承等，对景福围进行了新一轮升级改造。

图2-169　景丰联围景福段（肇庆市水利局供）

（二）佛山大堤

　　佛山大堤干堤堤线起自南海小塘农药厂岗边，上接北江大堤，下沿北江干流入紫洞口，经沙口枢纽，沿潭洲水道北岸，至登洲头转入平洲水道北岸，至平洲镇以北的沙尾桥与佛山涌、三山河交会口止，全长 43 千米。包括花木洞、朱山、芝安、存院、金钗、五福、石角、永厚、镇水、盐联和四乡联围 11 个围。佛山大堤承担防护佛山市城区（汾江区）和石湾区（包括石湾、澜石、张槎、环市区）及南海的小塘、罗村、平洲、大沥、盐步 5 个区（镇）的任务，集水面积 276.1 平方千米，耕地面积 23.18 万亩。

　　花木洞、朱山围、芝安 3 围建于明代，存院围建于南宋，金钗围建于清康熙年间（1662—1722 年），五福围修筑于 1796—1820 年间，石角围是清道光十六年（1836 年）修筑，下段是四乡联围濒临平洲水道的堤段，四乡联围属南海县，1952 年由小围联成，四周以佛山涌、

图2-170　佛山大堤平洲水道段（佛山水文局供）

石涌和平洲水道（见图 2-170）为界，自成独立堤系，堤长 33 千米，其中列入佛山大堤干线长 8.9 千米。永厚围、镇水围、盐联围均是沿佛山涌北岸而设的支堤。

　　中华人民共和国成立后，先是堵口复堤，并于 1952 年开始联围筑闸，培修加固堤围。塞支强干，缩短堤线，以利防洪排涝。1960 年底，佛山涌口的沙口分洪堰和奇搓、石两座水闸先后建成，把分布在佛山市区的存院围、金钗围、石角围、五福围等堤围联成佛山联围。与此同时，位于石水闸下游平洲水道左岸的众多围亦于20世纪50年代初至60年代初先后联成四乡联围。至此，联结成完整的佛山大堤堤防系统。1982年经有关部门鉴定，佛山大堤的防洪能力为10～20年一遇。在1985年上报加固工程设计任务时整个联围定名为佛山大堤。佛山大堤路堤结合达标加固于2001年8月动工，至2007年9月全面完工并交付使用，大堤达到50年一遇防洪标准。

（三）樵桑联围

樵桑联围位于西北江三角洲的顶部，由樵北大围和桑园围联结而成，北濒思贤滘，西临西江干流，东傍北江干流和南沙涌，南靠沟通西、北江的甘竹溪，四面环水。干堤总长116千米，堤防区集水面积265.5平方千米。

桑园围筑堤始于宋崇宁年间（1103—1106年），最

图2-171　樵桑联围龙江段（佛山市水利局供）

早兴建西江左岸的太平—李村的海舟堤段，经元、明、清，堤线又从海舟延伸到九江，濒顺德水道的西樵至龙江（见图2-171），以及临甘竹溪接九江墟的尾间堤段，先后于清道光和民国初渐次兴建，1924年龙江新闸、狮颔口和歌滘水闸建成后，把上述堤段联结起来，桑园围基本建成。元至正年间，西樵以北先后在西江沿岸的大路、白泥、蔡坑等处修筑堤防，明代又沿着南沙涌和顺德水道的官山涌相继建成舰壳、大栅等堤防多起。清光绪十一年（1885年），当地绅士李应鸿等在今官山水闸闸址建造水闸，解决了官山涌沿岸洪涝的问题。

1953年广东省人民政府组织南海、三水两县及受益区人民群众兴修官山水闸、船闸并统一培修樵北大围。官山涌上游建成角里节制闸，把分布在三水、南海两县的大路、白泥、规壳、大栅、银洲等多个堤围联结成樵北大围。至此，樵北大围与桑园围实际上联成完整堤系。1985年正式命名樵桑联围。中华人民共和国成立后，樵桑联围经多次整修加固，建成完整的堤防系统。但防洪标准在10～20年一遇，1987年工程加固纳入广东省人大第85号"整治江河"议案项目，历经6年，防洪能力逐步加强；截至目前联围防洪标准已经达到50年一遇。

图2-172　中顺大围港口镇段（中山市水务局供）

（四）中顺大围

中顺大围（见图2-172）位于珠江三角洲南部、西江支流出海处，总面积700多平方千米。因地跨中山、顺德两市，故名中顺大围。中山的古镇、小榄、东升、横栏、沙溪、大涌、坦背、板芙、港口、沙朗、张家边和石岐城区，顺德的均安，捍卫面积51万亩。

早在宋代（960年）人们开始在今中顺大围内修筑小榄围，在横栏镇修筑四少小围，明代（1368年）修筑濠沙小围，清嘉庆二十四年（1819年）在今海洲修筑永安围，道光十四年（1834年）修筑古镇内小围。这都是今中顺大围的前身。中华人民共和国成立前，大围内共有支离破碎的小围420多个，堤线长1 226千米，堤身低矮单薄，常遭洪、潮、台风威胁。

中华人民共和国成立后，1952年12月，中山县县长谭桂明主持召开中顺大围第一届受益地区代表会议，提议中山、顺德两县部分地区按自然水系联建中顺大围，拉开了中顺大围联围工程的序幕。珠江水利工程总局编写计划任务书、勘测设计。1953年1月，中顺大围开始动工，1974年5月中顺大围完工，形成了一个完整的堤防体系，缩短防洪堤线513千米。1987年中顺大围加固列入国家计划。至1992年9月底，中顺大围干堤已基本达标，围内水利面貌发生了巨大变化，通过水闸的控制运用，达到洪潮挡得住、内涝排得出、干旱灌得上，使围内农田、作物、鱼塘做到要水有水，大大满足了农业生产的要求。同时改变了围内水质，降低了围内工业生产造成的污染，从而促进围内国民经济发展。

（五）江新联围

江新联围（见图2-173）位于西北江三角洲西江干流右岸。堤线北起广东省新会区与鹤山市交界的大雁山脚，沿西江干流自上而下，跨越江门河的北街水闸和睦洲河的睦洲水闸，自西南转入虎坑水道复向西北蜿蜒，达潭江左岸新会区的南坦围北面。干堤全长91.764千米，集水面积545.6平方千米。作为江门市最重要的防洪屏障，江新联围由11个中小堤围组成。江新联围最早筑堤防洪始于明代初。天河围的成堤是在明洪武年间。

到1949年，联成防护耕地面积在万亩以上的有天河和龙溪（礼东）2个堤围，而千亩以下的小围则众多。从20世纪50年代始，分别以江门河、礼乐河、目上洲河、龙泉河等主要河涌为界，普遍联围筑闸逐步扩大规模。到了1975年，较大的培修加固堤防和筑闸联围工程不下百次，联结成万亩以上的堤围则有天河围、梅大冲围、礼东围、礼西围、睦洲围。环城围、三江围、江门围等8个。而万亩以下的则有龙泉围、三江三联围、江会堤等3个共11个堤围。

江新联围加固工程于2019年开工，2021年完成，联围防洪标准已经达到50年一遇。

图2-173　江新联围西江河堤（联围管理处供）

第五节　大（1）型水闸

一、马骝滩枢纽水闸

马骝滩枢纽（桂平航运枢纽）（见图2-174）是西江航运建设第一期工程（广西段）的主干项目，是国家"七五"期间内河渠化建设重点工程，位于珠江水系西江干流的郁江河段，黔、郁两江汇合口上游4千米处。整个枢纽工程包括：船闸工程、拦河坝工程、电站工程、公路交通桥，共同构成了集航运、发电、交通于一体的综合性枢纽。

图2-174　马骝滩水闸（桂平市水利局供）

该工程新建的二线船闸是世界上最大的单线船闸。桂平航运枢纽船闸是枢纽建设主干工程，全长2 196米，最高水头11.69米，门槛最低水深3.5米，多年平均通航保证率95%，年通过能力1 000万吨。闸门采用先进刚性止水，液压机启闭，使用我国船闸上目前最大缸径的卧式油缸。闸室采用双边侧向长廊道输水系统。设15孔闸门，闸门宽210米，过闸设计流量10 920立方米每秒。

二、西枝江水利枢纽水闸

西枝江水利枢纽水闸（见图 2-175）位于广东省惠州市惠东县平山镇西枝江下游河段，工程任务是改善灌溉条件和水环境及发电、航运，枢纽设 10 孔闸门，过闸设计流量 7 429.1 立方米每秒。

图2-175　西枝江水利枢纽水闸（惠州市水利局供）

三、外砂桥闸

图2-176　外砂桥闸（珠江委档案馆供）

澄海市外砂桥闸（见图 2-176）位于韩江下游 5 个出海口之一的两溪河系外砂河中部，东北接澄海市区，西南接外砂镇，东南至出海口 9.6 千米，是一座挡潮拒咸蓄淡，以城市供水、农田灌溉为主，兼有发电、交通和维护 V 级航道效益的综合性大型水利工程。设 36 孔闸门，闸门单宽 10 米，过闸设计流量 5 410 立方米每秒。

第六节 大型泵站

一、心圩江泵站

心圩江泵站（见图2-177）是南宁市西部防洪排涝的主要泵站，位于西乡塘城区，流域面积132平方千米。泵站为Ⅱ等工程，主要水工建筑物为二级，次要建筑物为三级，设计防洪标准为50年一遇，泵站设计内江控淹水位73.64米，设计装机容量8 000千瓦，设计抽排流量80立方米每秒，采用半调节立式轴流泵，为全区设计装机容量最大的一座泵站。

图2-177 心圩江泵站（曾祥忠摄）

二、竹鹅溪泵站

竹鹅溪排涝泵站（见图2-178、图2-179）位于柳江右岸，竹鹅溪支流与柳江河的交汇处，坐落于河西防洪保护片区河西堤段，为柳州市装机容量最大的排涝泵站，安装9台轴流泵，装机容量7 200千瓦，抽排流量86立方米每秒。设外江防洪闸门3扇，防洪闸设计流量412立方米每秒。

图2-178 竹鹅溪泵站外景（柳州市水利局供）

图2-179 竹鹅溪泵站机组（柳州市水利局供）

三、大桥泵站

大桥泵站(见图2-180)位于肇庆市德庆县大桥村大冲河河口处,原大桥水闸右侧,在德庆大道与德城大堤之间。泵站建成于1975年,2005年进行扩建,集水面积82.05平方千米,装机容量8×800千瓦,设计流量76立方米每秒。主要为治理德城大堤内的

图2-180 大桥泵站(泵站管理处供)

内涝水害,以及保护国家级文物古迹不受内涝水淹浸。

四、宋隆泵站

宋隆泵站(见图2-181)位于高要区,是国家级重点大型泵站,是肇庆市最大的一级排灌站,肩负着区域防洪排灌的重任,泵站原设计排涝流量60立方米每秒,装机容量4 800千瓦。对原水泵机组进行更换,并新增1台机组。泵站改造后,设计排水流量91.8立方米每秒,装机容量控制在7 200千瓦左右。

图2-181 宋隆泵站(肇庆水文局供)

五、白沙泵站

白沙泵站(见图2-182)位于大旺区白沙排涝渠末端的北江堤内,主要承担排除大旺区白沙排涝渠北面、龙王庙水库排洪渠南面及其北面三水区的涝水。泵站设计防洪标准为抵御北江50年一遇洪水;排涝标准为10年一遇24小时暴雨产生的径流量在1 d内全部排干。泵站立式轴流泵设计流量为70.0立方米每秒,装机容量8×1 125千瓦。

图2-182　白沙泵站（肇庆水文局供）

六、羚山排涝泵站

羚山排涝泵站（见图2-183）是景丰联围排涝泵站二期应急除险达标工程的重要组成部分。位于广东省肇庆市端州区，是西江干堤肇庆市景丰联围景福围堤段的一级排涝泵站。原羚山电排站建于1965年，运行40多年后进行重建。重建的羚山排涝泵站排涝标准为10年一遇暴雨洪水24小时排干，设计流量51.82立方米每秒，属于大型泵站，泵站等别为Ⅱ等。泵站厂房、进水前池等主要建筑物级别为二级，防洪标准为50年一遇设计，200年一遇校核。

图2-183　羚山排涝泵站（肇庆水文局供）

七、金利泵站

图2-184 金利泵站（肇庆水文局供）

金利泵站（见图2-184）位于华南沿海珠江三角洲地区的西部边缘金利镇、西江右岸高要市联金大堤金安围堤段。泵站由金利电排站、小洲电排站、金东电排站和金南电排站4个站联合组成。工程通过对金利系列电排站的更新改造，对小洲电排站、金东电排站和金南电排站进行重建，使金利泵站涝区达到10年一遇24小时暴雨产生的径流量3天排干，工程更新改造和重建后总设计排水流量100.1立方米每秒，总装机容量11 725千瓦；设计灌溉流量1.38立方米每秒，灌溉装机容量155千瓦。

八、彭村排涝泵站

彭村排涝泵站（见图2-185）位于茂名市茂南区彭村，为Ⅱ等大（2）型工程，主要建筑物级别为二级，次要建筑物级别为三级，彭村排涝泵站设计排水流量80立方米每秒，装机容量500千瓦，水泵6台，配套同步电动机。

图2-185 彭村排涝泵站（邵锦雄摄）

九、沙坪河泵站

沙坪河泵站（见图2-186）是沙坪河流域排涝体系中的一个重要部分，位于广东江门鹤山谷埠社区。1994年12月在沙坪河口兴建总装机2 160千瓦，设计流量49.5立方米每秒。由于沙坪河泵站设计标准偏低，装机容量已不能满足排涝要

图2-186 沙坪河泵站（江门市水利局供）

求，为减轻沿线堤围防洪压力，新建排涝泵站装机流量 108 立方米每秒，增加装机容量 6 300 千瓦，布置 3 台竖井贯流泵机组。新旧泵站联合调度，总装机流量 157.5 立方米每秒。沙坪排涝泵站为Ⅱ等大（2）型工程。

十、官山泵站

官山泵站（见图 2-187）位于佛山市南海区西樵镇内，樵桑联围官山涌出口处，是樵桑联围最重要的一级排涝泵站，现总装机容量 11 600 千瓦，设计排涝流量 159.73 立方米每秒，设计排涝标准为 10 年一遇 24 小时暴雨所产生的径流量 1 天排干，是佛山市最大的防洪排涝水利设施之一。

图2-187 官山泵站（佛山水文局供）

十一、桂畔海水利枢纽泵闸

桂畔海水利枢纽泵闸（见图 2-188）位于佛山市顺德区第一联围桂畔海水道出口处，临容桂水道下游的北岸，距顺德新港西侧 1 千米。泵站总装机容量 2 520 千瓦，安装 4 台斜轴式轴流泵，总排水量 68 立方米每秒。该泵站是顺德区第一联围最大的排涝泵站。

图2-188 桂畔海水利枢纽泵闸（佛山水文局供）

十二、沧江泵站

沧江泵站（见图 2-189、图 2-190）位于佛山市高明区东南边缘，高明河（又称沧江河）汇入西江的河口处控制高明河流域，集水面积 1 033.5 平方千米，重建工程包括保留沧江泵站。泵站总装机容量 5 000 千瓦，安装 4 台口径 2.8 米的全调节立式轴流水泵，装机容量为 1 250 千瓦，高压同步电动机，每台电动机的工作效率是传统水泵的 30 多倍。拆除旧沧江水闸、船闸，重建沧江水闸和船闸等。工程等别为Ⅱ级，规模为大（2）型。工程是一项以防洪、排涝为主，集灌溉、航运等多功能于一体的综合性大型泵站，是高明区的一项重要水利工程。

图2-189 沧江泵站（佛山水文局供）　　　　图2-190 沧江泵站厂房内部（佛山水文局供）

十三、眉蕉尾电排站

眉蕉尾电排站（见图2-191）工程位于顺德区容桂街道眉蕉尾水闸旁，为大（2）型工程，工程等别为Ⅱ等，主要功能是防洪、排涝。设计流量55立方米每秒，总装机容量3 200千瓦，选用4台直径2.2米的斜式轴流泵，建成后排区排涝能力达到10年一遇24小时暴雨1天排干。

图2-191 眉蕉尾电排站（佛山水文局供）

十四、西河电排站

西河电排站（见图2-192）位于北滘镇南顺第二联围西河出口处，泵站总装机容量 4 000 千瓦，安装 4 台机组，单机排水量 13.66 立方米每秒，设计总排水流量 54.64 立方米每秒。

十五、迳口电排二站

迳口电排二站（见图 2-193）位于南顺第二联围，在迳口水闸与迳口电排一站之间。该站安装 4 台斜式 30° 轴流泵，设计扬程 4.33 米，单泵设计流量 12.5 立方米每秒，泵站设计排水流量 50 立方米每秒，配同步 800 千瓦电动机，泵站装机容量 3 200 千瓦。该电站于 2006 年投产运行。

图2-192　西河电排站（佛山水文局供）

十六、西涌泵闸

西涌泵闸（见图 2-194）是骝岗涌防洪排涝工程的一部分，位于广州市南沙区黄阁镇，是汽车基地重要的基础设施项目之一，工程范围为西涌泵站及水闸工程。西涌泵站设计排涝流量 75 立方米每秒，最大扬程 3.40 米，选用 6 台卧式轴流泵，总装机容量 3 600 千瓦，水闸设计排水流量 51.00 立方米每秒。防洪标准为 200 年一遇，排涝标准为 20 年一遇 24 小时暴雨 1 天排水不成灾。西涌泵闸及水闸工程等别为 I 等，主要建筑物级别为一级。

图2-193　迳口电排二站（佛山水文局供）

图2-194　西涌泵闸（南沙区水务局供）

十七、太园泵站

太园泵站（见图 2-195）是东深供水工程首级抽水站，站址位于东江之畔的东莞桥头镇石马河上游东江与新开河交汇处，紧靠东江大堤内侧。设计抽水量 100 立方米每秒，总装机容量 6×2 200 千瓦。

图2-195　太园泵站（珠江委档案馆供）

十八、旗领泵站

旗领泵站（见图 2-196）是"东深供水工程"4 期改造后的 3 级主干泵站，装机 8 台（6 用 2 备），最大设计流量 90 立方米每秒，单泵设计流量 15 立方米每秒，泵站装机容量 8×5 000 千瓦，采用立式液压全调节抽芯式混流泵组，其中 4 台配同步电动机，另 4 台配异步电动机。

图2-196　旗领泵站（东深供水公司供）

十九、莲湖泵站

东江—深圳供水改造工程莲湖泵站（见图 2-197）位于东莞市桥头镇，布置于逆风潭水闸的西面，是供水线路上的第二梯级提水泵站。泵站设计流量 100 立方米每秒，设计净扬程 11.5 米，总装机容量 8×3 000 千瓦，其中 2 台备用。

图2-197　莲湖泵站（东江水源工程管理处供）

二十、金湖泵站

金湖泵站（见图2-198）位于东莞市塘厦镇的东深供水工程纪念园内，设计泵组将进水池（从泵站）水位由21米提升到46米，8台水泵将水提升后，将东江水输送至深圳水库。泵站的总设计流量90立方米每秒，单泵设计流量15立方米每秒，进水池最高水位21.5米，最低水位20米，停机水位19.8米；出水池设计最高水位46米，最低水位41.8米。

图2-198　金湖泵站（邹锦华摄）

二十一、沙井河口排涝泵站

宝安区沙井河片区排涝工程沙井河口排涝泵站（见图2-199）位于宝安区沙井街道及松岗街道辖区，范围为茅洲河流域的沙井河、松岗河和排涝河3条河流，河道治理长度13 400米。建设的排涝泵站设计规模170立方米每秒，采用5台单机流量为38.3立方米每秒的竖井贯流泵机组，工程防洪标准50年一遇、治涝标准20年一遇。

图2-199　沙井河口排涝泵站（深圳市水务局供）

二十二、东岸泵站

东岸泵站（见图2-200）是广东省惠州市惠城区潼湖镇潼湖围内唯一的排水泵站，其主要任务是抽排围内洪水，保护该区在遭遇外江50年一遇洪水和堤内遭遇10年一遇24小时暴雨所产生的径流量3天排干。东岸泵站总装机容量5 460千瓦，安装6台排涝斜式轴流泵机组，排涝流量70.2立方米每秒，泵站规模属大（2）型。

图2-200 东岸泵站（惠州市水利局供）

二十三、文头岭泵站

图2-201 文头领泵站（惠州市水利局供）

文头岭泵站（见图2-201）位于惠州市惠城区西枝江下游末端、西枝江与新开河交汇处，泵站功能是排除筷子堤仓内涝水，控制集水面积82.96平方千米，排涝标准为10年一遇24小时暴雨所产生的径流量1天排干。泵站设计总排涝流量139.25立方米每秒，总装机容量6×1 000千瓦，泵站规模为大（2）型。布置6台斜15°安装半调节轴流泵。

二十四、东江泵站

东江泵站（见图2-202）是广东省东深供水二期扩建工程梯级泵站，首级东江口泵站于1986年7月建成投产。该泵站安装3台立式全调节轴流泵（800千瓦，设计总流量29.1立方米每秒），泵站进水位变化范围1.8～6.8米。近年来，东江水位出现低于原设计最低水位，使泵不能开机。为此，在东江口泵站前池兴建一座与东江口泵站串联运行的抬高泵站前池进水位的东江翻水站（东江泵站），配备出口直径 1.2 米的大型潜水泵 10 台，备用 5 台，总计 15 台。每台潜水泵流量 2.9 ~ 3.6 立方米每秒，潜水电机额定功率 185 千瓦，翻水泵站总装机容量达 1 850 千瓦，是我国目前装机总功率最高、口径最大、台数最多的第一大型潜水泵站。新建的东江泵站，使东江口泵站进水位升至 1.8 米以上，保证东江口泵站 3 台轴流泵最低开机水位。

图2-202　东江泵站（东深供水公司供）

二十五、永湖泵站

永湖泵站（见图 2-203）是深圳市东江水源工程输水主干的二级加压泵站，总装机容量 2.6 万千瓦，属大（2）型泵站。泵站设计安装水泵机组 10 台（套）（一期 1 号 ~ 5 号机组，二期 6 号 ~ 10 号机组）。其中，一期工程总装机容量 5 × 2 450 千瓦，4 用 1 备，单机设计流量 3.75 立方米每秒，设计扬程 51 米。二期工程安装的主水泵为水平中开式双吸离心泵，叶片数为 6 片，设计流量 3.75 立方米每秒，总装机容量 5 × 2 600 千瓦，设计扬程 52 米。

图2-203　永湖泵站（东深供水公司供）

二十六、白沙仔泵站

白沙仔泵站（见图 2-204、图 2-205）位于惠州大堤惠澳大道至西枝江桥段，属于惠州大堤安全加固工程，设计排涝流量 61 立方米每秒，总装机容量 8 × 710 千瓦，属单纯排涝站。水泵选用立式半调节轴流泵。

图2-204　白沙仔泵站（惠州市水利局供）

图2-205　白沙仔泵站厂房内（惠州市水利局供）

二十七、福隆泵站

福隆泵站（见图2-206、图2-207）工程位于中山市三角镇高平工业区福隆涌出口，工程建设内容为新建泵站一座及其配套工程，主要功能为排涝、防洪及改善水环境，泵站设计流量75.0立方米每秒，装机容量4 000千瓦，泵站属Ⅱ等大（2）型工程。工程可迅速降低福隆片区围内水位，从而减少整个镇区受灾面积，日常也可利用泵站改变水闸现行调度模式，置换水体，改善河涌水质。

图2-206　福隆泵站（中山市水务局供）

图2-207　福隆泵站厂房内（中山市水务局供）

二十八、东河水利枢纽泵站

东河水利枢纽泵站（见图2-208）工程是中山市最大、最重要的控制性水利枢纽工程。该工程由水闸、船闸、泵站三部分组成，工程等别为Ⅰ等，工程规模为大（1）型。工程的主要任务为防洪、排涝、通航和改善水环境。水闸总净宽150米，分10孔，单孔净宽15米，设计过闸流量1 020立方米每秒，水闸闸门采用平面钢闸门，启闭机采用液压启闭机。泵站设计流量273立方米每秒，总装机容量10 800千瓦。

图2-208 东河水利枢纽泵站（中山市水务局供）

二十九、洋关泵站

洋关泵站（见图2-209）位于中山市火炬开发区东北部，地处小隐涌出口左岸，横门水道南岸，控制集水面积95.4平方千米（含长江水库集水面积36.4平方千米）。该泵站的治涝标准为10年一遇24小时暴雨1天排干，排涝设计标准流量为130立方米每秒，泵站工程防洪标准按50年一遇设计，100年一遇校核，总装机容量5 000千瓦。

图2-209 洋关泵站（中山市水务局供）

三十、广昌泵站

珠海广昌泵站（见图2-210）位于西江主干流磨刀门水道东岸边，距珠海大桥上游2千米处，是珠海市供水系统重要取水泵站。泵站分两期工程完成，一期工程安装5台水泵，其单机设计流量10.6立方米每秒；二期工程将安装7台水泵，5台工作，2台备用，其单机设计流量10.2立方米每秒。整个泵站前池设计5个分仓并相互之间由方孔连通，分别由4根直径2米的引水管向前池供水，总抽水能力达到100立方米每秒，12台泵总装机容量11 500千瓦，采用日立式泵型，河心式取水方式。

图2-210 广昌泵站（珠海市水务局供）

三十一、竹洲头泵站

竹洲头泵站（见图2-211）位于广东省珠海市斗门区白蕉镇、珠江三角洲磨刀门水道的右岸，工程由新建竹银水库、扩建月坑水库、新建月坑水库与竹银水库的连接隧洞、新建泵站至竹银水库的管道、泵站至平岗泵站的输水管道组成。工程建成后通过泵站抽水引入水库蓄淡，与珠海现在的供水系统相结合向澳门、珠海东区（主城区）和珠海西区水厂供水。取水规模为90立方米每秒，

图2-211 竹洲头泵站（珠海市水务局供）

装机数量5台，单机容量2 240千瓦，总装机容量11.2兆瓦，水泵扬程范围14～64米。

供水对象主要为供水范围内的居民生活用水、工业企业用水及城镇公共用水，是珠海市最重要的取水泵站之一。

三十二、黄塘排涝泵站

黄塘排涝泵站（见图2-212）工程位于广东省梅州市市区黄塘河出程江河河口处，

是梅州市最大也是最重要的一座排涝泵站，担负着梅州市江北城区治涝区的排涝任务。黄塘排涝泵站设计排涝区总面积为71.9平方千米，设计排涝流量为115立方米每秒，泵站总装机容量6400千瓦，为Ⅱ等泵站，规模为大（2）型，主要建筑物级别为二级。泵站设计安装8台大型轴流式潜水电泵。

图2-212　黄塘排涝泵站（《人民珠江》供）

三十三、磐岭泵站

磐岭泵站（见图2-213）工程位于广东省揭阳市揭东区磐岭围干堤上，其主要功能为防洪（潮）、排洪（涝）、灌溉，工程等别为Ⅱ等，规模为大（2）型，主要由泵站和水闸组成。泵站总设计流量88.5立方米每秒，装机容量6250千瓦，安装5台立式轴流泵，水闸分6孔，单孔净宽12米。

图2-213　磐岭泵站（揭阳水利局供）

第七节　河　口

一、珠江八大口门

（一）虎门

虎门（见图2-214）位于珠江口东岸的东莞市，是八大口门中的一个在东岸出海口门。虎门外为伶仃洋喇叭湾，保存有乘潮水深10.8米航道，7米深水航道入黄埔港，3.5米深水航道入广州港。使万吨海轮可乘潮入黄埔港，为我国"黄金水道"之一，发展潜力大，可开发成3.5万吨级水道。

图2-214　虎门出海口（汇图千羽秋摄）

（二）磨刀门

磨刀门（见图2-215）位于珠海横琴岛西侧，是西江主要的排水河道，落潮量（159.8亿立方米）远大于涨潮量（1 043.7亿立方米），山潮水比达5.5，为各口门之冠，为强径流河。输沙量也为八门之冠，为2 341万吨。现磨刀山处磨刀门已下移15千米，并进行了大面积围垦，西江干流将沿主槽出海。

图2-215　磨刀门出海口（汇图CIIE01摄）

（三）崖门

崖门（见图2-216）位于珠海与江门海域的交界处，曾经的崖门海战发生地。全年属强潮流水道，崖门外黄茅海为喇叭湾，内部称银州湖，为一静水潮汐汊道，进潮量635.9亿立方米，落潮量823.4亿立方米，进潮量仅次于虎门。有7～10米深水航道，3 000吨海轮候潮可驶入新会港。如黄茅海拦门沙（水深3～4米）能开深水道通过，则5 000吨级海轮可乘潮入新会，3 000吨级可入肇庆，1 000吨级可上梧州，是八大口门中内河航运条件较好的一条水道。

图2-216　崖门出海口（汇图CIIE01摄）

（四）蕉门

蕉门（见图2-217）位于广州市南沙区，亦为落潮量（866.9亿立方米）远大于进潮量（325.4亿立方米）的口门。汛期为强径流河，旱期为强潮流河。清代蕉门在南沙北蕉门村处，船只常经蕉门入珠江，避虎门之险。万顷沙形成后，蕉门已外移至万顷沙和南沙之间，为番禺冲缺三角洲各河的总汇。年径流量达565亿立方米，使口门外浅滩发育。深水道深5～6米，可通行1 000吨海船。

图2-217　蕉门出海口（汇图CIIE01摄）

（五）洪奇沥

洪奇沥（见图2-218）位于广州市南沙区，在万顷沙西，为北江主要出海水道，无"门"地形，河口拦门沙发育，故进潮量（96.6亿立方米）和落潮量（296.7亿立方米）均小，水量已大部由上、下横沥流出蕉门。山潮水比为2.0，径流为主，旱季为潮流河。

图2-218　洪奇沥出海口（汇图CIIE01摄）

图2-219　横门海口（汇图CIIE01摄）

图2-220　虎跳门出海口（《人民珠江》供）

（六）横门

横门海口（见图2-219）位于中山火炬高新技术开发区北侧。径流为主，旱季才成潮流河。有利口外浅滩淤积，如口门外烂山浅滩，水深仅2.8～3.3米，挖深后才能进3 000吨海船。

（七）虎跳门

虎跳门（见图2-220）位于珠海斗门区，口门为二山挟持，流量不大，进潮量56.7亿立方米，落潮量250.4亿立方米，山潮水比3.4，为强径流、弱潮流（旱季出现）河口。输沙量较大（509万吨），有利口门外浅滩发育。水深2.5～5米。

（八）鸡啼门

鸡啼门（见图2-221）位于珠海金湾区。进潮量小（66.8亿立方米），落潮量255.6亿立方米，山潮水比2.8，汛期为强径流河，旱季为强潮流河。年输沙量为496万吨，有利于口外浅滩发育，水深仅2米。

图2-221　鸡啼门出海口（汇图CIIE01摄）

二、韩江出海口

　　韩江，是中国东南沿海最重要的河流之一，广东省除珠江流域外的第二大流域。古称员水，后称鳄溪。韩江上游由梅江和汀江汇合而成，梅江为主流，发源于广东省紫金县上峰，在三河坝与汀江汇合，汀江发源于福建省宁化县的赖家山。梅、汀两江汇合后称韩江，由北向南流经广东省的丰顺、潮安等县（区），至潮州市进入韩江三角洲河网区，分东、西、北溪流经汕头市注入南海（见图2-222～图2-225）。

图2-222　西溪新津河出海口（邱晨辉摄）

图2-223　西溪外砂河出海口（邱晨辉摄）

图2-224　东溪莲阳河出海口（邱晨辉摄）

图2-225　北溪义丰溪出海口（邱晨辉摄）

三、鉴江出海口

鉴江（见图2-226）流域位于广东省西南部，流域面积9 464平方千米，是广东省第三大水系。鉴江发源于广东省信宜市里五大山的良安塘，流经信宜、高州、化州、吴川等四县（市）至吴川吴阳镇入南海，全长231千米。较大的支流

图2-226　鉴江出海口（张会来摄）

有曹江、罗江、袂花江、小东江等汇入干流，分布于湛江、茂名地域，占湛江、茂名两市总面积的40%。

四、漠阳江出海口

漠阳江（见图2-227）位于广东省西南部，发源于阳春市云雾山脉，流经广东省阳江市阳春、阳东、江城，主要支流云霖河、那乌河、潭水河等在位于阳江市阳东区雅韶镇北津村入海。流域总面积6 091平方千米，河长199千米。多年平均实测河川年径流量82.1亿立方米，多年平均水资源总量86.5亿立方米。

图2-227　漠阳江出海口（张会来摄）

五、榕江出海口

榕江（见图2-228），俗称南河，曾称揭阳江，南海水系河流，发源于陆河县凤凰山，流经汕尾市（陆河县）、揭阳市（普宁市、揭西县、榕城区、揭东区）、汕头市（潮阳区），于汕头市牛田洋入海。流域面积4 408平方千米，河长175千米，

图2-228　榕江出海口（邱晨辉摄）

平均年径流量 31.1 亿立方米。为广东粤东地区第二大河流，仅次于韩江。

六、钦江、茅岭江出海口

钦江主源发源于广西壮族自治区灵山县平山镇白牛岭，未来人工运河源头则是横州市平塘江口。由东北向西南横穿灵山县境内，至钦州市尖山镇入茅尾海，全长 179 千米（不包括人工运河），流域面积 2 457 平方千米。钦江流经钦南区、钦北区、灵山县的 19 个镇。习惯上，灵山县陆屋镇以上河段称为鸣珂江（也有称陆屋江），陆屋以下河段称为钦江。钦江多年平均流量

图2-229　茅尾海（钦州市水利局供）

64.37 立方米每秒，多年平均径流量 20.3 亿立方米，年径流深 900 毫米。

茅岭江，古称渔洪江，又名西江，南海水系，为广西壮族自治区钦州市最大河流。发源于市内钦北区板城乡屯车村公所龙门村，经钦北区、钦南区、防城港市防城区的茅岭乡注入茅尾海。干流全长 112 千米，流域面积 2 959 平方千米。年平均流量 82.12 立方米每秒，多年平均径流量 25.9 亿立方米，年径流深 1 000 毫米。

两条江在茅尾海（见图2-229）汇合后入海，是钦州湾向陆地方向的航运通道。

七、南流江出海口

南流江（见图2-230），下游又称廉江，位于广西壮族自治区东南部，是广西壮族自治区独流入海第一大河，发源于玉林市北流市大容山南侧，自北向南流，故名南流江。流经北流市、玉林市玉州区、玉林市福绵区、博白县、钦州市浦北县、北海市合浦县 6 县（市）区，于合浦县注入北部湾的廉州湾，河长 287 千米，流域面积 8 635 平方千米。

图2-230　南流江出海口（北海市水利局供）

八、南渡江出海口

南渡江（见图2-232）干流发源于白沙县南峰山。长352.55千米，流域面积7 066平方千米，径流量657 138万立方米。干流斜贯海南岛中北部，流经昌江、白沙、琼中、儋州、澄迈、屯昌、定安等市（县），在海口市美兰区流入琼州海峡海口境内的南渡江，江面更宽、更阔。入海口段从海口西向东主要分流有海甸溪、横沟河、

图2-231　南渡江出海口（海南省水务厅供）

潭览河、迈雅河和道孟溪。江水在入海口处形成了许多沙洲，冲积成独特的河岛——海甸岛、新埠岛，与江东新区所在地形成了南渡江入海口的三角洲地带。

九、万泉河出海口

万泉河（见图2-332），古称多河，中国海南岛第三大河，位于海南省海南岛东部，全长157千米（另有162千米、163千米之说），流域面积3 683平方千米。万泉河有两源：南支乐会水为干流，长109千米，发源于五指山林背村南岭；北支定安水，源出黎母岭南。两水在琼海市合口嘴汇合始称万泉河，经嘉积至博鳌入南海，其出海口有博鳌港。

图2-232　万泉河出海口（《人民珠江》供）

第八节　大型渡槽

一、长岗坡渡槽

长岗坡渡槽（见图 2-233）位于广东省罗定市罗平镇境内，长岗坡渡槽起点位于罗定市罗平镇长岗坡，终点位于双莲村天堂顶。渡槽自南向北横亘大片农田之上，于天堂顶通过隧道引入金银河水库，渡槽东、西两侧分布村落，渡槽管理所建于天堂顶半山，自罗平镇沿村路穿过双莲村可抵达渡槽管理所，渡槽跨越罗平镇的平峒、竹围、山田、双莲 4 个村。

长岗坡渡槽设计引水流量 25 立方米每秒，行水位高达 2.1 米，渡槽总长 5 200 米，其中钢筋混凝土渡槽 3 450 米，砌石拱渡槽 1 750 米。渡槽宽 6 米、高 2.2 米，渡槽两边设有行人道、护栏，为连拱结构，槽面每隔 2 米设 1 根拉杆；渡槽为连拱结构，共有 133 个墩，132 个跨拱，拱的最大跨度 51 米，最大高度 37 米。渡槽完成的主要工程量包括土方 10.76 万立方米、浆砌石 1.84 万立方米、混凝土 5.05 万立方米（其中理块石混凝土 2.02 万立方米）。

图2-233　长岗坡渡槽（《人民珠江》供）

据记载，工程从 1976 年 11 月动工兴建，到 1981 年 1 月竣工通水，历时 4 年 2 个月。长岗坡渡槽每年把近 4 亿立方米的太平河、罗镜河河水横空输送到金银湖，使之成为罗定库容、供水量、发电量最大的水库，灌溉 8 万多亩农田，保障城区以及多个乡（镇）55 万人口的生产生活用水。

长岗坡渡槽是首批广东省红色革命遗址重点建设示范点之一，有"广东红旗渠""北看红旗渠，南看长岗坡"之称。2019 年 10 月，长岗坡渡槽被列入第八批全国重点文物保护单位名单。

二、薛官堡渡槽

薛官堡渡槽（见图 2-234）全长 450 米，从磨盘山半腰引龙潭水跨越河凹农田，可灌溉面积达 1 600 多亩。1971 年 11 月 1 日开工建设，1972 年 12 月 30 日完工，工程共用石方 3 385 立方米，水泥 57 吨，石灰 250 吨。现为云南省陆良县第三批文物保护。

图2-234　薛官堡渡槽（曲靖水文局供）

三、东红渡槽

东红渡槽（见图 2-235）位于广西壮族自治区南宁市上林县澄泰乡东红村，建于 1958 年，是上林县大龙洞水库的配套灌溉水渠三保支渠的一部分，结构为多孔石砌渡槽，渡槽长 560 米，底部宽 6 米，槽宽 2.5 米，高 15 米，渡槽的石块都是取自周围石山，砌缝用传统石灰砂浆抹填，砌工细致，厚实稳重。渡槽采用的是中国传统的石拱桥造型，桥孔和桥孔之间的小孔，设计如"心"的形状，也许当时设计师仅仅是为了实用美观，到现在却被人们赋于了"心心相印"的寓意，22 颗心串连在一起，像一条壮观的连心桥，构成了浪漫唯美的意境，虽然渡槽已弃用多年，但它的象征意义使它成了人们特别是年轻人山盟海誓、见证爱情的地方。

图2-235　东红渡槽（潘怿摄）

四、东海运河大渡槽

雷州青年运河东海运河大渡槽（见图 2-236）位于遂溪县城东，大渡槽凌空飞架，横卧两岭之间，全长 1 206 米，其分 40 跨 81 个槽柱，每跨 30 米，最大槽高 32.7 米，槽身纵向双悬臂钢筋混凝土结构，槽底宽 55 米，高 32 米；每秒通过流量 88 立方米，可灌溉农田 12 万亩，并解决沿河城乡几十万人民的生活用水问题。东海运河大渡槽于 1960 年 3 月开始施工，1963 年 8 月竣工，历时 2 年零 5 个月，共完成土方 22 万立方米，石方 5.089 8 万立方米，其中：浆砌石方 4.657 8 万立方米，钢筋混凝土 8 554 立方米。

图2-236　东海运河大渡槽（昵图网kerlson）

五、鹤山市南北渠

广东省鹤山市南北渠（见图2-237）又称红旗渠，由南北两条渠组成，1966年动工，1980年建成，南北两条渠总长37千米。南北渠灌溉面积最多时达到3.8万亩，现灌溉面积缩减到1.8万亩，但仍是龙口镇最主要的灌溉方式。

图2-237 鹤山市南北渠（陆永盛摄）

六、海南红岭二号渡槽

红岭二号渡槽（见图2-238、图2-239）共布置39跨拱式渡槽+11跨简支梁式渡槽，建筑物级别为一级。渡槽设计流量45立方米每秒，加大流量51.75立方米每秒。渡槽长2153.6米。其中，拱式渡槽共布置3种双肋变截面悬链线无铰拱式：第一种为矢跨L=65米、矢高f=16.25米拱圈，共4个；第二种为矢跨L=49米、矢高f=12.25米拱圈，共15个；第三种为矢跨L=40米、矢高f=10米拱圈，共20个。简支梁式渡槽每跨16.25米，采用单排架支撑，排架立柱截面尺寸1.1米×0.75米，顶横梁尺寸1.0米×1.84米，其他横梁尺寸0.85米×0.7米。工程于2016年6月1日开工，2019年9月7日完工。

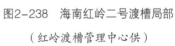

图2-238 海南红岭二号渡槽局部
（红岭渡槽管理中心供）

图2-239 海南红岭二号渡槽整体（红岭渡槽管理中心供）

第九节 梯 田

一、撒玛坝梯田

撒玛坝梯田（见图2-240），位于红河县南部宝华乡，距县城38千米。梯田总面积1.4万余亩，有4 300多级，最低海拔600米，最高海拔1 880米。撒玛坝梯田的壮观和神奇充分体现了人与自然的高度和谐，天人合一，集中展示了森林—村寨—梯田—水系四元素共构的农业生态系统和各种民族和睦相处的社会体系。

图2-240 撒玛坝梯田（《人民珠江》供）

1934年编的《五土司册籍》记载，红河县境内的梯田为宝华乡落恐土司第一代吴蚌颇率众开垦的哈尼梯田，至今已有700多年的历史。明洪武年中（1368—1399年）吴蚌颇（嘎他佐能土司）倡导民众开水渠、造梯田，就是现今的宝华乡朝村。2021年6月，正式被认定为国家AAAA级旅游景区。

二、那诺云海梯田

在元江的南岸，毗邻红河县的地方，有一片以梯田云海、哈尼文化闻名于滇中的热土——那诺。

那诺梯田（见图2-241）反映了哈尼族历史悠久的农耕文化，那诺梯田每一个季节都很美：夏日梯田绿油油、生机盎然；秋日稻谷成熟，一派黄澄澄、铺天盖地的丰收景象；而到了冬天，梯田云雾缭绕、变幻莫测。明代的徐光启就曾在《农政全

图2-241 那诺云海梯田（《人民珠江》供）

书》中将哈尼梯田列入全国七大田制之一，称为"世外梯田"。

第三章　水运港口

第一节　贵港港

贵港港（见图3-1）位于西南、华南两大经济区的接合部，是西南东向出海的主要中转港口和泛珠江三角洲经济区、中国–东盟自由贸易区物流通道的"桥头堡"。在铁路方面，通过黎湛铁路、南昆铁路与全国各地相连。水路、铁路、公路三大运输方式的高效衔接使贵港港具有强大的发展实力。

图3-1　贵港港（新华社供）

贵港港始建于1955年，位于郁江中段，为广西最早建成的水路铁路联运和重要内河港口。它是西江水道的重要中转港，是大西南水运出海主通道。1993年国务院批准为国家对外开放一类口岸。现有港口码头总长9 960米，共有85个泊位，最大靠泊能力1 000吨级共有6个。2020年12月15日贵港港货物吞吐量达到1.01亿吨，同比增长37.5%，占广西内河港口吞吐量的66%，成为珠江水系首个吞吐量突破亿吨的内河港口、西部地区最大的内河港口，全国内河十大港口之一。

第二节　梧州港

梧州港（见图3-2）具有100多年历史，其建设规模是华南地区仅次于广州的第二内河大港，也是广西第二大内河港口。梧州港规划分为三个港区，即中心港区、苍梧港区和藤县港区。2019年港口集装箱吞吐量73.8万标准箱，占广西区内河集装箱吞吐量的65.5%，持续19年稳坐广西内河"集装箱第一大港"的地位。梧州港作为国家28个内河主要港口之一，集装箱吞吐量位列第五位。

图3-2　梧州港（《人民珠江》供）

梧州港水运历史悠久。清代，梧州发展为广西内河最大的港口。光绪二十三年（1897年），梧州开埠，外轮开始进入，梧州成为广西内河最大的对外贸易口岸，是广西各地以及云、桂、川等地进出口货物的集散地。中华人民共和国成立后，梧州港作为广西的对外经济贸易口岸和广西进出口贸易的货物集散地。1984年梧州港口货物吞吐量达到344万吨，是全国内河吞吐量最大的港口之一，造就了梧州航运的辉煌历史，当时对促进梧州乃至广东、广西的经济发展起到了重要作用。

第三节　湛江港

湛江港（见图3-3）位于广东省湛江市，雷州半岛东北部的广州湾内，是粤西和环北部湾地区最大的天然深水良港，是中国大陆通往东南亚、非洲、欧洲、大洋洲航程最短的重要港口，居粤、桂沿海的中心位置，是中国西南、华南地区货物水运进出口的主要通道。

图3-3　湛江港（珠江委宣传中心供）

湛江港是中华人民共和国成立后第一个自行设计建造的深水海港，自1956年开港以来，经过60多年的发展，已成为中国大陆沿海25个主要港口之一。湛江港拥有霞山港区、调顺岛港区、宝满港区和东海岛港区,现有生产性泊位 35 个,其中拥有 1 个 40 万吨级散货码头,2 个 30 万吨级油码头,1 个 25 万吨级铁矿石码头,1 个 15 万吨级煤炭码头和 2 个 15 万吨级集装箱码头,2019 年通过能力达 2.1 亿吨。

第四节 南沙港

南沙港(见图 3-4)坐落在广州市南沙区西岸龙穴岛,南向南海,东望深圳,西靠南(海)、番(禺)、顺(德),位于珠江三角洲地理几何中心,是广佛经济圈和珠三角西翼城市通向海洋的必由之路;方圆 100 千米内覆盖整个珠三角城市群,是连接珠三角两岸城市群的枢纽性节点。

南沙港 2003 年 3 月获批,2004 年 9 月一期完工运行,作为广州港的主力港区,在广州建设国际航运枢纽的进程中扮演着重要角色。2021 年南沙区政府工作报告披露,"十三五"时期,南沙港口货物、集装箱吞吐量分别提高到 3.43 亿吨和 1 722 万标箱,商品车吞吐量达 116 万辆,居全国第二位;跨境电商网购保税进口增长 10 倍,水上运输业货运周转量稳居全国第二位。

图3-4 南沙港(龙建平摄)

第五节 东莞港

东莞港(见图 3-5)地处珠江入海口核心区,位于粤港澳大湾区几何中心;濒临南海伶仃洋,毗邻香港、澳门和广州,珠江、东江和西江交汇于此;港区主要沿东江、狮子洋和伶仃洋流域分布。

原东莞港于 1953 年 11 月开通,位于东江三角洲东莞水道左岸,地处东莞市区,属于河海衔接和水陆联运的内河港口,于 2003 年与东莞市其他港区整合为虎门港。

图3-5 东莞港(珠航局供)

2016 年 3 月 12 日，经中国交通部批准，虎门港改名为东莞港。

第六节　盐田港

盐田港（见图 3-6）位于深圳市南大鹏湾北岸，西临沙头角，是现代化集装箱大港，毗邻国际金融、贸易和航运中心——香港特别行政区，背靠中国较大的出口加工基地——珠江三角洲，为中国华南地区重要的集装箱运输港。

1988 年 6 月，盐田港开工建设；1989 年 12 月，盐田港竣工投入使用。盐田港区分中、东、西三个作业区。西作业区、中作业区已建成，东作业区正在加紧建设中。现在已建成大型深水泊位 20 个，岸线长 8 212 米，水深达 17.6 米，是全球最大 20 万吨

图 3-6　盐田港（姚世欣摄）

级超大型船舶首选港之一。盐田港是华南地区以国际航线为主的枢纽型港区，每周航线近百条，其中欧美航线占 60%，是单体吞吐量和效益领先全球的集装箱码头。2020 年，盐田港集装箱吞吐量完成 1 334.8 万标箱，增长 2.1%，约占深圳港集装箱吞吐量的 50.3%。作为全国集装箱吞吐量最大的单一港区、全球单体最大的集装箱码头，盐田港吞吐量占据深圳港的半壁江山。

第七节　珠海港

图 3-7　珠海港（珠海港控股公司供）

珠海港（见图 3-7）位于广东省珠江三角洲南部沿海珠江口西侧，毗邻澳门特别行政区，是中国华南沿海主枢纽港，中国沿海主要港口之一，以珠海市辖区、珠江三角洲西部地区为经济腹地，服务于珠海市外向型经济和临

港工业发展，是全国沿海的主枢纽港，是以大宗散货和外贸物资中转运输为主的综合性港口。珠海港由九州、香洲、唐家、桂山和高栏五大海港区和前山、湾仔、井岸、斗门港4个内河港区总共9个港区组成。

1994年6月，珠海港被国务院批复为货运港口；1995年4月实施生产性试航；1996年7月正式对外开放。2019年，珠海港集装箱吞吐量256万标箱，货物吞吐量1.38亿吨。

第八节　海口港

海口港（见图3-8），是海南省海口市港口，位于海南岛北部，北临琼州海峡，西起澄迈湾的玉包角，东至文昌市铺前湾的北港岛，北隔琼州海峡与广东省雷州半岛相望。宋代淳熙年间（1174—1189年），海口港正式开始办理外贸、外籍船舶进出口手续。2005年，海南省开始推进海口秀英港、新港和马村港"三港合一"。

图3-8　海口港（海口港集团公司供）

第四章　国家湿地公园

第一节　云　南

一、红河哈尼梯田国家湿地公园

图4-1　红河哈尼梯田国家湿地公园（《人民珠江》供）

云南红河哈尼梯田国家湿地公园（见图4-1）位于云南省红河哈尼族彝族自治州红河南岸，总面积 13 011.57 公顷，包括红河南岸的元阳、红河、绿春、金平 4 个县，有牛角寨景区、多依树景区、坝达景区、老虎嘴景区、哈播景区、甲寅宝华景区、哈德景区和金河景区 8 个景区。2013 年（癸巳年）6 月 22 日在第 37 届世界遗产大会上红河哈尼梯田被成功列入世界遗产名录，成为中国第 45 处世界遗产。

二、蒙自长桥海国家湿地公园

图4-2　蒙自长桥海国家湿地公园（潘泉摄）

云南蒙自长桥海国家湿地公园（见图4-2）总面积 1 225.3 公顷，其中湿地面积 1 146.25 公顷，湿地率达到 93.55%，属于永久性淡水湖泊湿地。湖岸线长 9.5 千米，最大宽度 2.9 千米，平均宽度 1.17 千米，最大水深 5.5 米，平均水深 3.74 米。蓄水量 5 300 万立方米，径流面积

261 平方千米。云南蒙自长桥海国家湿地公园是集湿地保育区、湿地生态功能展示区、湿地体验区、服务管理区为一体的湿地公园。

三、沾益西河国家湿地公园

云南沾益西河国家湿地公园（见图 4-3）（试点）位于云南省沾益区，总面积 1 040.49 公顷。沾益西河国家湿地公园地处曲靖市沾益区南端，是以西河湿地生态系统为主要资源，湿地生态系统、农田生态系统、林地生态系

图4-3 沾益西河国家湿地公园（王光云摄）

统等多种生态系统类型结构完整。主要有河流湿地、沼泽湿地和人工湿地 3 大类，总面积为 754.07 公顷，湿地面积 635.65 公顷，湿地率 84.3%。

四、石屏异龙湖国家湿地公园

云南石屏异龙湖国家湿地公园（见图 4-4）位于云南省石屏县异龙湖湖畔，公园是集人文景观、自然景观于一身的大型科普性公园。异龙湖又称石屏海、东湖，属断陷构造

图4-4 石屏异龙湖国家湿地公园（石屏县人民政府供）

湖泊，东西长 13.8 千米。南北平均宽 3 千米，湖岸线长 86 千米，平均水深 3.5 米，最大水深 7 米，总蓄水量 3 亿立方米，有城河、城南河、城北河 3 条河流注入。湖水原由海口河汇合泸江注入南盘江，属珠江水系。1971 年青鱼湾隧道打通，湖水随之流入红河，现属红河水系。有灌溉、水产、养殖、航运等功能。

五、通海杞麓湖国家湿地公园

通海杞麓湖国家湿地公园（见图 4-5）规划总面积 3 881.22 公顷，其中湿地面积 3 762.57 公顷，湿地率 96.94%，划分为生态保育区、恢复重建区、宣教展示区、

合理利用区和管理服务区5个功能区。杞麓湖有维管束植物107种、脊椎动物115种。常见鸟类以赤颈鸭、红嘴鸥等雁鸭类和鸥类居多；鱼类当中，大头鲤为国家二级重点保护野生动物，杞麓白鱼、翘嘴鲤、云南鲤为杞麓湖特有种，杞麓鲤、大头鲤、抚仙鲔为云南高原湖泊特有种。

图4-5　通海杞麓湖国家湿地公园（玉溪市水利局供）

六、泸西黄草洲国家湿地公园

图4-6　泸西黄草洲国家湿地公园（泸西县水利局供）

云南泸西黄草洲国家湿地公园（见图4-6）位于云南省红河哈尼族彝族自治州泸西县中枢镇南部。湿地公园所处的泸西岩溶盆地高悬于南盘江左岸，距离南盘江10～20千米，高差800多米。湿地公园位于泸西岩溶盆地的盆底沉积平坝区中部，海拔1 700米左右。这一区域地形平坦宽阔，坡度小于5°，地形总体向南东方向倾斜。岩溶残丘零星散布于盆底中，盆底边缘出露大泉、暗河较多。森林公园范围内地层出露齐全，除缺失志留系及白垩系地层外，从元古界的昆阳群、震旦系地层到古生界、中生界乃至新生界的地层均有出露。

七、普洱五湖国家湿地公园

云南普洱五湖国家湿地公园（见图4-7～图4-11）位于云南省普洱市思茅区境内，规划总面积1 148.43公顷，由思茅河连接梅子湖、纳贺湖、洗马湖、信房湖和野鸭湖五湖组成。2022 年 5 月 5 日，云南普洱五湖国家湿地公园入选 2022 年国家级自然公园评审结果公示名单。云南普洱五湖国家湿地公园地处云贵高原西南部横断山脉南段，盆地地貌，属亚热带高原季风气候区，植被以常绿阔叶林、松针叶林为主，有维管束植物 183 科 636 属 1 039 种，有哺乳动物 9 目 19 科 26 属 30 种，有鸟类 19 目 48 科 126 属 206 种。

图4-7　梅子湖（五湖国家湿地公园供）

图4-8　纳贺湖（五湖国家湿地公园供）

图4-9　洗马湖（五湖国家湿地公园供）

图4-10　信房湖（五湖国家湿地公园供）

图4-11　野鸭湖（五湖国家湿地公园供）

八、普者黑国家湿地公园

图4-12 普者黑国家湿地公园（背包客nic摄）

普者黑国家湿地公园（见图4-12）位于云南省文山壮族苗族自治州丘北县以北3千米处，规划总面积1 107.4公顷，湿地率达66.37%。湿地公园内有罕见的大面积溶蚀湖群、峰丛与河流，又发育了喀斯特山原的石笋石牙，呈现了多样化的喀斯特地貌特征。维管束植物823种，公园内动物329种。

九、江川星云湖国家湿地公园

图4-13 江川星云湖国家湿地公园（潘泉摄）

江川星云湖国家湿地公园（见图4-13）位于云南省玉溪市江川区，由原国家林业和草原局于2016年批复试点建设。星云湖国家湿地公园包括整个湖面和湖滩地，以及环湖公路外侧30米范围内的环湖生态调蓄带。星云湖国家湿地公园主要依托星云湖湖体和湖滨带进行建设。星云湖是云南省九大高原湖泊之一，湿地资源异常珍贵，作为中国候鸟迁徙通道上的重要节点，为迁徙鸟类提供了中转驿站及食源。星云湖流域范围内共有12条主要入湖河流，河道总长132.3千米，均为季节性河流。星云湖径流区干湿季节分明，枯季降水量占全年降水量的16%左右，汛期降水量占全年降水量的84%左右。

十、玉溪抚仙湖国家湿地公园

云南玉溪抚仙湖国家湿地公园（见图4-14）位于云南省玉溪市，地跨澄江市、江川区、华宁县三县（区）。2015年12月31日，云南玉溪抚仙湖国家湿地公园（试点）获国家林业局批准建设。2020年12月25日，通过国家林业和草原局2020年试点国家湿地公园验收，正式成为"国家湿地公园"。云南玉溪抚仙湖国家湿地公园包括保育区、恢复重建区、宣教展示区、合理利用区和管理服务区 5 个分区，内有野生维管束植物 304 种，有湖滨带草甸群落、水生群落和人工湿地群落三大类型湿地植被，湿地植物共 96 种，云南省二级重点保护植物等；有中国国家二级重点保护鸟类白腹锦鸡等 17 种。

图4-14 玉溪抚仙湖国家湿地公园（小胡旅游攻略摄）

第二节 贵 州

一、六盘水明湖国家湿地公园

贵州六盘水明湖国家湿地公园（见图 4-15）位于贵州省六盘水市钟山区明湖村。湿地公园规划总面积 197.7 公顷，由龙贵地水库、窑上水库、水城河源头段、明湖村湿地及明湖小山峡（俗称一线天）5 个湿地群组成。湿地类型为人工库塘湿地和河流湿地，湿地面积 84.65 公顷，湿地率 42.8%，是六盘水中心城区的重要生态屏障，是乌江上游重要支流水城河的源头，由

图4-15 六盘水明湖国家湿地公园（《人民珠江》供）

河流、库塘、森林构成的复合湿地生态系统。区内共分布有微管束植物属 259 种，野生脊椎动物 151 种，有国家二级保护动物贵洲疣螈、白腹锦鸡、普通鵟、红隼等 11 种。

2013 年 10 月 25 日，正式授牌成为明湖国家湿地公园。

二、阿哈湖国家湿地公园

图4-16　阿哈湖国家湿地公园（guizhouaqian摄）

阿哈湖国家湿地公园（见图4-16）位于贵州省贵阳市西南部，涉及云岩、南明、花溪、观山湖4个区，总面积1 218公顷。湿地公园南北长6.5千米，东西宽6千米，包括阿哈水库及小车河流域迎水面第一重山脊。湿地公园内分布有河流湿地、沼泽湿地、人工湿地3个湿地类和永久性河流、喀斯特溶洞湿地、草本沼泽、库塘湿地、稻田湿地5个湿地型。公园内湿地总面积473.00公顷，占土地总面积的38.83%。主要类型有河流湿地、喀斯特溶洞湿地、草本沼泽湿地、库塘湿地等，在区域范围内具有一定的典型性和代表性。公园及周边有野生动、植物993种。其中，野生脊椎动物260种；公园及周边有野生维管束植物733种，裸子植物3种，被子植物693种。

三、晴隆光照湖国家湿地公园

图4-17　晴隆光照湖国家湿地公园（贵州光照水电站供）

晴隆光照湖国家湿地公园（见图4-17）位于贵州省西南部的北盘江上，规划总面积3 981.37公顷，湿地公园以光照湖人工湖泊湿地生态系统为核心，以北盘江—光照湖为主体。公园内湿地包括河流湿地、人工湿地两大湿地类，永久性河流、季节性河流、库塘3个湿地型，湿地总面积2 183.4公顷。湿地公园共划分为保护保育区、恢复重建区、宣教展示区、合理利用区和管理服务区5个功能区。

四、罗甸蒙江国家湿地公园

罗甸蒙江国家湿地公园（见图4-18）地处黔南布依族苗族自治州罗甸县中南部，属珠江水系红水河上游，位于贵州省重点调查与监测湿地——龙滩库区湿地区范围内，是珠江上游重要的水产种质资源地之一。湿地公园总

图4-18　罗甸蒙江国家湿地公园（百度百科）

面积7 226.11公顷，湿地总面积3 469公顷，其中库塘型人工湿地面积3 096.94公顷，永久性河流湿地面积61.07公顷，洪泛平原湿地（滩涂）面积72.45公顷，稻田人工湿地面积238.54公顷，湿地率48.01%。公园内浮游植物共77种，维管束植物共635种。区内浮游动物计59种，水生节肢动物、环节动物、软体动物19种，鱼类、两栖类动物、爬行动物类、鸟类和兽类411种。

五、北盘江大峡谷国家湿地公园

北盘江大峡谷国家湿地公园（见图4-19）位于贵州省西南部，涉及黔西南布依族苗族自治州的贞丰和安顺市的关岭、镇宁3个县，主要包括北盘江、董箐水库及打帮河流域。湿地公园地处云贵高原向广西低山丘陵过渡的斜坡地带，属黔西南高原及黔中高原切割地带，以

图4-19　北盘江大峡谷国家湿地公园（爱流浪的猫Xm）

喀斯特峡谷和低山丘陵地貌为主。北盘江大峡谷秦汉时期属古夜郎国的领地，北盘江就是司马迁《史记》中所说的"牂牁江"，而古夜郎国的都城就在牂牁江上游地区，正如班固《汉书》中所云："夜郎者，临牂牁江也。江宽百步可行船。"

六、兴义万峰国家湿地公园

兴义万峰国家湿地公园（见图4-20）位于贵州省黔西南布依族苗族自治州，万峰国家湿地公园可分为万峰湖和万峰林两个片区，地下暗河将两个片区连接为一个整体。万峰湖片区主要由万峰湖、马岭河及周边湿地组成，片区总面积 2 226.23 公

图4-20　兴义万峰国家湿地公园（贵州省林业局供）

顷。兴义万峰国家湿地公园处于我国三大特有中心之一的滇黔桂特有中心内，面积不大，但特有现象丰富，有各类特有植物71种，其中中国特有植物（不包括西南特有植物及贵州省特有植物）44种，西南特有植物（不包括贵州省特有植物）26种，贵州省特有植物1种。

七、安顺邢江河国家湿地公园

安顺邢江河国家湿地公园（见图4-21）位于贵州省安顺市西秀区东南部，涉及旧州镇、刘官乡和黄腊乡，北接大西桥镇和平坝县白云乡。是以云贵高原上典型的河流湿地为主体的湿地公园，规划面积601.24公顷，湿地面积486.6公顷，湿地率80.9%。湿地类有河流湿地和人工湿地，包括永久性河流、洪泛平原和稻田3种湿地型。公园规划分保育区、恢复重建区、宣教展示区、合理利用区、管理服务区5大功能区。

图4-21　安顺邢江河国家湿地公园（西秀区委宣传部供）

八、都匀清水江国家湿地公园

都匀清水江国家湿地公园（见图4-22）地处贵州省都匀市东部，都匀经济开发区辖区内，主要位于都匀清水江主河道上的桃花水库及阳安河、新平河，共涉及王司镇的三联村、桃花村、五寨村、

图4-22　都匀清水江国家湿地公园（李庆红摄）

新坪村，坝固镇的鸡贾村、明英村，大坪镇的五星村、营盘村等3个镇8个村。公园是由河流、库塘、水田、森林等组成的复合湿地生态系统，其湿地系统表现出来的自然水生态特征、水生态过程和良好的水环境质量及生物多样性，在我国云贵高原喀斯特地区具有典型性和代表性。湿地公园主要包括都匀市境内的清水江流域，湿地公园东西宽约14.11千米，南北长约7.19千米，总面积759.22公顷；湿地公园内有维管束植物474种，被子植物449种；公园范围内有脊椎动物270种。

九、荔波黄江河国家湿地公园

贵州荔波黄江河国家湿地公园（见图4-23）位于贵州省荔波县北部甲良镇境内，东至漂洞溶洞，南至黄江河与方村河交汇处，西至三层洞溶洞，北至独山县边界，总面积389.9公顷。湿地公园及

图4-23　荔波黄江河国家湿地公园（李庆红摄）

其周边分布有5个植被型组10个植被（亚）型22个群系，有维管束植物115科274属485种。湿地公园规划区现已记录陆生脊椎动物182种，其中鱼类30种、两栖爬行类27种、鸟类125种，国家一级保护野生动物3种，分别为中华秋沙鸭、白颈长尾雉、林麝；国家二级保护野生动物35种。另有170种陆生脊椎动物列入"国家保护的有益的或者有重要经济、科学研究价值的陆生野生动物名录"。在湿地公园内发现的荔波盲条鳅，存在于暗河和地下洞穴中，为当地特有种。

十、加榜梯田国家湿地公园

加榜梯田国家湿地公园（见图4-24）位于贵州省黔东南苗族侗族自治州从江县，地处贵州省东南部，总面积2 916.3公顷。湿地公园是以保护加榜梯田湿地及以梯田为载体衍生的民族文化和农耕文化为核心，以梯田独特景观为特色，集湿地保育、科普宣教、生态观光等多功能为一体的国家湿地公园。加榜梯田是中国最好的梯田之一。梯田中散落着苗乡特有的吊脚楼，是苗族人世世代代留下的杰作。

图4-24　加榜梯田国家湿地公园（《人民珠江》供）

十一、六盘水牂牁江国家湿地公园

六盘水牂牁江国家湿地公园（见图4-25）位于贵州省六盘水市六枝特区西南部，总面积3 764.28公顷。贵州六盘水牂牁江国家湿地公园处于长江流域和珠江流域的分水岭，属高原亚热带季风气候区，植被以亚热带常绿落叶阔叶混交林为主，有维管束植物117科274属379种，有野生动物27目54科161种。

图4-25　六盘水牂牁江国家湿地公园（湿地公园管理处供）

十二、册亨北盘江国家湿地公园

册亨北盘江国家湿地公园（见图 4-26）位于贵州省黔西南布依族苗族自治州册亨县境内，地处北盘江流域，北起洛凡河，南至册亨县双江镇的双江口，西起湿地公园已建道路附近，东至册亨县与望谟县县界，湿地总面积 2 436.31 公顷。2020 年 3 月，国家林业局和草原局同意册亨北盘江国家湿地公园范围调整。

图4-26　册亨北盘江国家湿地公园（黔西南州文化体育广电旅游局供）

十三、黄果树国家湿地公园

黄果树国家湿地公园（见图 4-27）位于黄果树风景名胜区内最核心的白水河—王二河—三岔河段，区域面积达 553.8 公顷，北起翁寨村，向南经石头寨西南侧、陡坡塘瀑布、黄果树大瀑布、滑石哨等地至三岔桥，在三岔桥处分成向东和向南两个方向，向东沿王二河延伸至三岔湾村东侧；向南沿三岔河，途经天星桥、红岩、郎宫等地，至郎宫南面的打帮河水系交汇处。

图4-27　黄果树国家湿地公园（吴忠贤摄）

十四、娘娘山国家湿地公园

娘娘山国家湿地公园（见图 4-28）位于贵州省六盘水市水城区、盘州市交界处，总面积 2 680 公顷，湿地面积 1 060 公顷，湿地率 39.5%。娘娘山国家湿地公园发育于喀斯特高原山地地貌，在娘娘山顶形成大面积垫状连片分布的泥炭沼泽湿地，是典型的喀斯特岩溶山地湿地资源。包括泥炭藓沼泽、草本沼泽、灌丛沼泽、森林沼泽及其汇水森林，以及八一水库、六车河峡谷等。湿地公园及其周边地区有植物 138种，国家二级保护野生植物 1 种；动物 191 种，国家二级保护鸟类 7 种，国家一级保护哺乳类 1 种，二级保护 4 种。

2018 年 12 月 29 日，通过国家林业局和草原局试点验收，正式成为国家湿地公园。

图4-28　娘娘山国家湿地公园（晨炊、范啟彦摄）

十五、望谟北盘江国家湿地公园

望谟北盘江国家湿地公园（见图 4-29）位于黔西南布依族苗族自治州望谟县，总面积达 2 432.48 公顷。望谟北盘江国家湿地公园属亚热带季风湿润气候，具有明显的春早、夏长、秋晚、冬短的特点，年均气温 19 ℃，冬无严寒，得天独厚的自然条件孕育了望谟丰富的动植物资源，也使这里成了众多珍稀鸟类的栖息天堂。

图4-29　望谟北盘江国家湿地公园（吴彦岗摄）

第三节　广　西

一、北海滨海国家湿地公园

北海滨海国家湿地公园（见图4-30）位于广西壮族自治区北海市银海区境内，范围包括鲤鱼地水库、冯家江两岸、滨海红树林和滩涂，总面积2 009.8公顷，其中湿地总面积1 827公顷，占土地总面积的90.9%。

图4-30　北海滨海国家湿地公园（曾祥荣摄）

二、横州西津国家湿地公园

横州西津国家湿地公园（见图4-31）位于广西壮族自治区南宁市横州市西津水库的米埠坑库区，总面积1 853.29公顷，其中湿地面积1 619.93公顷，湿地率达87.41%。湿地类型以河流湿地、沼泽湿地、人工湿地为主体。湿地公园划分为湿地保育区、恢复修复区、宣教展示区、合理利用区和管理服务区

图4-31　横州西津国家湿地公园（西津水电站供）

等5个功能区。湿地公园内已知有维管束植物442种，其中国家级珍稀保护植物2种；有脊椎动物353种，其中国家重点保护动物27种，广西壮族自治区重点保护动物66种。

三、都安澄江国家湿地公园

图4-32　都安澄江国家湿地公园（都安县宣传部供）

　　都安澄江国家湿地公园（见图4-32）位于河池市都安瑶族自治县安阳镇益梨社区和高岭镇龙州村，包括河面及沿河两岸50米范围内，占地面积864公顷，其中湿地面积474公顷，湿地率54.8%，是集河流湿地、城市湿地、农耕湿地于一体的喀斯特湿地。都安澄江国家湿地公园规划范围北面有澄江河大兴乡九顿村和太阳村两个源头。

四、大新黑水河国家湿地公园

图4-33　大新黑水河国家湿地公园（生态文明@湿地）

　　大新黑水河国家湿地公园（见图4-33）西北起下雷自治区级自然保护区边界，自西北向东南至大新县界，包括黑水河河道、岸滩、州岛和两岸部分石灰岩山峰，河长38千米，面积693公顷，其中湿地面积449.6公顷，湿地率65%。核心区位于大新县雷平镇安平村。是桂西南喀斯特地貌永久性河流湿地的典型代表，也是崇左市重要鸟类、两栖类及鱼类等湿地生物生存繁衍的理想场所。

五、平果芦仙湖国家湿地公园

平果芦仙湖国家湿地公园（见图4-34）位于广西壮族自治区百色市平果市城区东北部，总面积967.37公顷，包括布见水库、新圩河和那马水库及其相应的河湖漫滩、两侧山体防护林。湿地公园东西横跨13.39千米，南北纵跨15.34千米，湿地

图4-34　平果芦仙湖国家湿地公园（图磨摄）

公园规划区包括永久性河流湿地、洪泛平原湿地、库塘和水产养殖场等4个类型湿地，规划总面积855.13公顷，其中湿地面积541.67公顷，占土地总面积的63.34%。

六、东兰坡豪湖国家湿地公园

东兰坡豪湖国家湿地公园（见图4-35）地处珠江干流红水河河畔的东兰县长乐镇境内。公园总面积549.4公顷，其中湿地面积289.4公顷，水域面积260公顷。范围包括坡豪湖库区、坡豪河下游河段、坡豪湖西岸至红水河东岸之间的陆地、坡豪湖南面石山第一汇水面范围内的山地，

图4-35　东兰坡豪湖国家湿地公园（公园管理处供）

南北长约4千米，东西宽约4.5千米。这是广西壮族自治区第13个国家湿地公园，也是河池市第2个国家湿地公园。自此，东兰坡坡豪湖国家湿地公园的相关建设工作有序推进。

2014年12月，国家林业局正式批准东兰坡豪湖国家湿地公园开展试点建设工作。

七、南丹拉希国家湿地公园

南丹拉希国家湿地公园（见图4-36）位于广西壮族自治区河池市南丹县境内，地处桂西北地区，公园距南丹县城45千米。以南丹拉希水库为主体，东起拉者村塘河屯，西至拉腊村，北与巴平村及蛮坝村梯田相邻，南达拉希村。

湿地公园南北长5 097米，东西宽3 529米，总面积561.48公顷，其中湿地面积214.90公顷，湿地率38.27%。为桂、黔交界岩溶地区"溶洞—森林—库塘"复合湿地生态系统的典型代表，为少有的高海拔湿地公园。有高等植物153种，动物133种。

图4-36　南丹拉希国家湿地公园（崖山浩宇摄）

八、广西合山洛灵湖国家湿地公园

广西合山洛灵湖国家湿地公园（见图4-37）位于广西壮族自治区来宾市合山市，主要由水库主体库区、桶桥水库、独山水库、水泡坪湿地的部分区域以及连接的地表河流和周边山体组成，总面积317.17公顷，其中湿地面积295.16公顷。划分为湿地保育区、合理利用区、管理服务区、恢复重建区、宣教展示区5个功能区。

图4-37　广西合山洛灵湖国家湿地公园（绿色广西供）

九、全州天湖国家湿地公园

全州天湖国家湿地公园（见图4-38）位于广西壮族自治区东北部和湖南省交界处，桂林市全州县，北起三路江水库，经天湖、海洋坪水库，南止前池水库出水口，规划总面积超800公顷。天湖有13个水库湖泊，有亚洲第一高水头电站，有4万亩原始森林、8万亩高山草地，有珍稀树种、奇花异草和珍禽走兽。

图4-38　全州天湖国家湿地公园（珠江委新闻宣传中心供）

十、兴宾三利湖国家湿地公园

兴宾三利湖国家湿地公园（见图4-39）位于广西壮族自治区来宾市兴宾区五山镇，是北回归线上唯一的湿地公园。湿地总面积644.5公顷，湿地公园总面积977.1公顷，有着完整的复合型（地下河－河流－沼泽－水田－库塘）湿地生态系统，是典型的岩溶地貌的湿地公园。

图4-39　兴宾三利湖国家湿地公园（兴宾发布）

十一、昭平桂江国家湿地公园

昭平桂江国家湿地公园（见图4-40）位于昭平县文竹镇、昭平镇和仙回瑶族乡。规划总面积1 199.95公顷，湿地面积671.72公顷，湿地率55.98%。湿地公园范围以桂江及其支流桂花河为主体，四至范围为：东南至桂江昭平电站，西至桂花河大中村大亮屯交汇处，北至桂江与平乐交界处。

2016年12月底，昭平桂江湿地公园

图4-40　昭平桂江国家湿地公园（桂江狼摄）

顺利通过国家林业局专家实地考察论证和评审，成为广西最新一批国家级湿地公园试点建设单位。

十二、贺州合面狮湖国家湿地公园

贺州合面狮湖国家湿地公园（见图 4-41）地处广东、湖南和广西 3 个省（自治区）的交界处，位于八步区的中南部、贺江中游，属于珠江流域的西江水系。贺州合面狮湖国家湿地公园毗邻广西大桂山鳄蜥国家级自然保护区和大桂山国家森林公园，总面积 2 519.75 公顷，湿地面积 1 300.92 公顷，湿地率 51.63%。湿地公园面积大、陆地面积比重较大，沿岸山体险峻，风光雄、秀、灵、幽，素有"贺江小三峡"之称。

图4-41 贺州合面狮湖国家湿地公园（八步区林业局供）

十三、忻城乐滩国家湿地公园

忻城乐滩国家湿地公园（见图 4-42）于 2016 年 12 月 30 日经国家林业局批准同意开展试点工作，试点建设期为 2017—2021 年。乐滩国家湿地公园项目位于国家级贫困县广西忻城县，地处全国主体功能区划中的桂黔滇喀斯特石漠化防治生态功能区内。建设地

图4-42 忻城乐滩国家湿地公园（樊童军摄）

点位于广西来宾市忻城县西南,涉及忻城县红渡镇、新圩乡、城关镇和遂意乡4个乡(镇)。规划区东起新圩乡丹灵村下俭屯,南抵红渡镇马蹄村吓叭屯,西至忻城、马山和都安三县交界处,北达红渡镇六蝶村建旺屯南。

十四、桂林会仙湿地公园

桂林会仙湿地(见图4-43)位于广西壮族自治区桂林市临桂区会仙镇境内,是我国最大的岩溶湿地,被誉为"漓江之肾",是漓江流域最大的喀斯特地貌原生态湿地。湿地公园总面积586.75公顷,其中湿地面积493.59公顷,湿地率84.12%,主要包括以睦洞湖为中心的湖泊沼泽湿地及龙

图4-43 桂林会仙湿地公园(《人民珠江》供)

头山、分水塘、狮子山及冯家鱼塘与分水塘至相思江桂柳运河等湿地。湿地有维管束植物316种,陆生脊椎动物共有234种,有国家二级重点保护植物1种,浮游动物共有95种。

2012年被国家林业局正式列入国家湿地公园试点。2017年12月,通过国家林业局试点验收,正式成为国家湿地公园,命名为"广西桂林会仙喀斯特国家湿地公园"。

十五、富川龟石国家湿地公园

富川龟石国家湿地公园(见图4-44)位于广西壮族自治区贺州市富川县,总面积4 173.13公顷。龟石水库湿地生物种质资源丰富,景观独特,野生植物有265种,其中樟树、榉木为国家二级重点保护植物;国家二级重点保护动物19种,其中鸟类16种,兼有灌溉、发电、防洪、旅游等综合效益。

图4-44 富川龟石国家湿地公园(何华文摄)

十六、靖西龙潭国家湿地公园

图4-45　靖西龙潭国家湿地公园（靖西佰事通）

靖西龙潭国家湿地公园（见图4-45）地处靖西市区东北面，总面积186.4公顷，范围包括大龙潭水库、龙潭河上游河段、龙潭河两岸部分区域、小龙潭永久性淡水湖。湿地源头为地下河涌泉而出，围堰成湖，地表径流形成龙潭河，是桂西南典型"森林－湖（库）－河流－地下河"复合生态系统。湿地公园是靖西市区居民饮用水源，是靖西市三大主产水稻基地的灌溉用水，是构成世界第三大跨国瀑布——德天瀑布的主要河流。

靖西龙潭国家湿地公园由靖西市人民政府于2013年向国家林业局申报建设，同年获试点建设批复。

十七、凌云浩坤湖国家湿地公园

图4-46　凌云浩坤湖国家湿地公园（黄娟摄）

凌云浩坤湖国家湿地公园（见图4-46）位于广西壮族自治区百色市凌云县，总面积1 312.0公顷。2019年12月25日，通过国家林业和草原局2019年试点国家湿地公园验收，正式成为"国家湿地公园"。浩坤湖国家湿地公园内鱼类资源丰富、品种独特，湖内分布有凌云金线鲃、凌云平鳅、鸭嘴金线鲃、小眼金线鲃、凌云南鳅等5种广西特有的洞穴鱼类，其中凌云金线鲃、凌云平鳅等2种珍惜保护鱼类品种为凌云县仅有的特色鱼类。根据湿地生态系统特征，浩坤湖国家湿地公园划分为湿地保育区、恢复重建区、宣教展示区、合理利用区和管理服务区 5 个功能区。

十八、百色福禄河国家湿地公园

百色福禄河国家湿地公园（见图 4-47）位于百色市右江区龙景街道和大楞乡连接区域，南北长 9.2 千米，东西宽 6.8 千米，总面积 659.0 公顷，其中湿地面积 313.5 米，湿地率达 47.6%，村屯林木覆盖面积 80%，密布湖泊、

图4-47 百色福禄河国家湿地公园（蓝庆侃、梁霖摄）

河流，形成村前屯后都是水的自然景观。公园地处我国 35 个生物多样性保护优先区之一的桂西黔南石灰岩地区，中国植物 3 个特有现象中心之一的滇东南——桂西地区，紧邻百色大王岭自治区级自然保护区，是云贵高原与华南丘陵山地之间鸟类迁徙通道的重要组成部分，范围内生物多样性丰富。

2019 年 12 月 25 日，通过国家林业和草原局 2019 年试点国家湿地公园验收，正式成为国家湿地公园。

十九、荔浦荔江国家湿地公园

荔浦荔江国家湿地公园（见图 4-48）位于广西壮族自治区桂林市荔浦市，以荔江主河道及其支流三河河、满洞河、蒲芦河部分河段为主体，东西长 24.7 千米，南北跨度 11.9 千米，总面积 699.99 公顷，其中湿地面积 392.57 公顷，湿地率 55.90%。湿地公园内有维

图4-48 荔浦荔江国家湿地公园（汇图千羽秋）

管束植物 311 种，有国家二级重点保护植物 1 种，即樟树；有脊椎动物 248 种；有国家二级重点保护野生动物 15 种。

2019 年 12 月 25 日，通过国家林业和草原局 2019 年试点国家湿地公园验收，正式成为国家湿地公园。

二十、龙州左江国家湿地公园

图4-49　龙州左江国家湿地公园

（龙州县文化旅游和体育广电局供）

龙州左江国家湿地公园（见图 4-49）位于广西壮族自治区崇左市龙州县，总面积 1 031.25 公顷。主要由左江及两侧部分岩溶山体、库塘湿地、稻田湿地等组成，湿地内涉及左江长约 22 千米，湿地公园规划建设面积 887.84 公顷，其中湿地面积 591.33 公顷，占湿地公园总面积的 66.61%，是桂西南喀斯特地貌永久性河流湿地的典型代表。

二十一、梧州苍海国家湿地公园

图4-50　梧州苍海国家湿地公园（何华文摄）

梧州苍海国家湿地公园（见图 4-50）位于广西壮族自治区梧州市龙圩区，以苍海湖为主体，包括下小河、石狮河、苍海环城水系、赛塘水库等水体，总面积 722.84 公顷，其中湿地面积 445.54 公顷，湿地率 61.64%。公园范围东至下小河支流石狮河古龙桥，西至连通浔江与苍海湖的环城水系起点河口，南至下小河子村附近山体，北至下小河入浔江口。

2020 年 12 月 25 日，入选国家林业和草原局"2020 年通过验收的国家湿地公园名单"。

二十二、南宁大王滩国家湿地公园

南宁大王滩国家湿地公园（见图4-51）位于广西壮族自治区南宁市良庆区及经济技术开发区，总面积5 520公顷，2020年12月25日，入选国家林业和草原局"2020年通过验收的国家湿地公园名单"。大王滩水库水源来自十万大山的八尺江，过去河流穿过凤凰岭和猫头山形成峡谷险滩，人们为了祈求风调雨顺和过往船只平安，在峡谷旁建了一座大王庙，故称大王滩。经过多年建设，大王滩水库已建成集防洪、灌溉、发电、旅游等功能于一体的大型水库，既可旅游观光、休闲度假，又能进行水上娱乐、商务会议等。

图4-51　大王滩国家湿地公园（葛德贤摄）

第四节　广　东

一、星湖国家湿地公园

星湖国家湿地公园（见图4-52）地处肇庆城区，总面积935公顷，水面面积677公顷，主要范围包括中心湖、波海湖、青莲湖、里湖、仙女湖和调洪湖，2004年由广东省林业局批准正式成立，成为我国首个湿地公园。2013年通过国家林业局验收，升格为国家级湿地公园。园内现有360多种野生植物，栽培植物约200多种，常见水生植物 24 种；有鸟类约 160 多种，鱼类 45 种。一级保护鸟类丹顶鹤 40 多只；火烈鸟等水禽 150 多只。常见鸟类有夜鹭、白鹭、苍鹭、麻鹭、池鹭、雉鸡、鸬鹚、珠颈斑鸠、小白腰雨燕、斑姬啄木鸟、红嘴相思鸟、蓝翡翠等。

图4-52　星湖国家湿地公园（欧彩焕摄）

二、九龙山红树林国家湿地公园

图4-53　九龙山红树林国家湿地公园（金祥摄）

九龙山红树林国家湿地公园（见图4-53）坐落在广东省雷州市调风镇，面积1 270.8 公顷，其中湿地占 90.5%，红树林是其主要植被种类，面积达 127.7 公顷。此外，公园内还生长有珍稀的半红树植物玉蕊、银叶树。有维管束植物 581 种，野生动物 257 种。2009 年获国家林业局批准，是中国首个以红树林命名的国家湿地公园。

三、乳源南水湖国家湿地公园

乳源南水湖国家湿地公园（见图 4-54）位于县境内的西南部，整个湿地公园东西垂直长约 10.0 千米，南北垂直宽约 18.7 千米，规划总面积 6 283.7 公顷，以河流湿地、湖泊湿地、沼泽湿地和森林组成的复合湿地生态系统为主体，南水湖湿地是广东北部的重要生态屏障，植被类型多样，物种丰富，共有植物 2 400 多种，其中国家级珍稀保护植物 35 种；野生脊椎动物 438 种，非脊椎动物有 3 000 种以上，其中有国家级保护动物 34 种。

图4-54　乳源南水湖国家湿地公园（邱晨辉摄）

四、孔江湿地国家湿地公园

孔江湿地公园（见图 4-55）位于广东省南雄市境内，包括孔江水库、孔江水库上下游段及周边区域，总面积 1 667.9 公顷，其中湿地面积 693.2 公顷。湿地公园有入库溪流、水库、沼泽、洪泛湿地、洲滩与环库森林，生态系统结构较为完整。整个湿地公园东西垂直长约

图4-55　孔江湿地公园（邱晨辉摄）

6.8 千米，南北垂直长约 5.3 千米，是珠江流域北江源头第一水库，正常水位 195.77 米，相应库容 5 825 万立方米。

五、新丰鲁古河国家湿地公园

新丰鲁古河国家湿地公园（见图 4-56）位于新丰县东南部，面积 469.54 公顷，属于东江水系新丰江水库（万绿湖）的一级支流和主要源头之一，公园规划总面积 469.54 公顷，湿地总面积 153.46 公顷，湿地率 32.68%，以人工水库、自然河流、环湖次生林组成的湿地－森林复合湿地生态系统为主体。野生动植物丰富，有维管束

植物 1 208 种，野生脊椎动物 438 种，列入国家重点保护的动植物有 40 种之多。2014 年 12 月经国家林业局批准为国家级湿地公园。

图4-56　新丰鲁古河国家湿地公园（邱晨辉摄）

六、广东广州海珠国家湿地公园

广东广州海珠国家湿地公园（见图 4-57）简称海珠湿地，地处广州中央城区海珠区东南隅，总面积 1 100 公顷，是全国特大城市中心区最大的国家湿地公园，名副其实的广州"绿心"。水源补给来源于珠江水系潮汐涨落的水流，形成纵横交错的河流、河涌网络和沟渠，湿地资源极为丰富，由城市内湖湿地、河涌湿地和涌沟－半自然果林镶嵌交错的复合湿地三种湿地类型所组成。海珠湿地有维管束植物 630 种，有动物共 583 种，其中国家二级保护鸟类 16 种，广东省级保护鸟类 21 种。

图4-57　海珠国家湿地公园（梁泽光摄）

2015年12月31日，通过国家林业局2015年试点国家湿地公园验收，正式成为国家湿地公园，成为广州市第一个国家湿地公园，入选国家湿地公园"四颗明珠"，获广东省湿地保护杰出奖、2016年中国人居环境范例奖，以及全国中小学环境教育社会实践基地、全国林业科普基地等称号；2017年，联合发起成立中国国家湿地公园创先联盟，当选首任轮值主席单位。2021年2月5日，被中国林学会命名为第五批全国林草科普基地。

七、万绿湖国家湿地公园

万绿湖国家湿地公园（见图4-58）在万绿湖的中部至南部，占万绿湖水域面积的2/3。湿地公园总面积26 348.7公顷，其中湿地面积24 880.4公顷，林地面积1 466.3公顷，建设用地面积2.0公顷，约占整个新丰江水库面积的2/3。湿地公园内有1 000多种植物，园内

图4-58　万绿湖国家湿地公园（陈咏梅摄）

的珍稀濒危及国家重点保护野生动物较多，国家重点保护野生动物43种，其中国家一级重点保护动物6种，国家二级重点保护动物37种。此外，还有桃花水母等珍稀濒危物种。

2016年广东万绿湖国家湿地公园顺利通过验收，正式成为国家湿地公园。

八、阳东寿长河红树林国家湿地公园

阳东寿长河红树林国家湿地公园（见图4-59）位于阳东区东南部，即是新洲镇、东平镇和大沟镇三镇交界处，总面积423.91公顷，湿地面积415.47公顷，湿地类型多样，包括红树林、河口水域、永久性河流、洪泛湿地、沙石海滩等5种湿地类型。其中，红树林面积140.45公顷。生态保育区包括湿地公园内大部分天然红树林和水面，面积324.97公顷，拥有典型的红树林、河品水域、沙石海滩等滨海区湿地类型。

寿长河红树林有湿地植物64种，动物142种。不过，20世纪80年代，随着沿海养殖业的不断壮大，两岸红树林面积减少了。近年来，合理安排湿地保护与恢复

项目，将有效保护多样的生态环境，改善珍稀物种的生存条件。

图4-59 阳东寿长河红树林国家湿地公园（陈伟良 摄）

九、四会绥江国家湿地公园

图4-60 四会绥江国家湿地公园（四会市林业局供）

四会绥江国家湿地公园（见图4-60）位于四会市西南部，范围包括绥江与青岐涌部分河道及其周边区域，湿地类型主要为永久性河流和洪泛平原湿地，总面积1 301.24公顷，湿地率98.54%，总投资1.99亿元。

该湿地公园共有维管束植物188种、蕨类植物12种、裸子植物1种、被子植物175种，共有脊椎动物173种、鸟类74种，国家一级保护动物1种，国家二级保护动物7种。

十、开平孔雀湖国家湿地公园

开平孔雀湖国家湿地公园（见图4-61）位于广东省江门市开平市，公园主体为大沙河水库，该水库是开平全市最大的水库，也是江门地区第三大水库，拥有152个岛屿，享有"孔雀湖"的美誉。总面积2 554.3公顷。开平孔雀湖国家湿地公园是珠三角地区库塘湿地的典型代表，以大沙河水库东南区域为主体，包括入库溪流及水库西北部的水源生态严控区，规划总面积 2 198.9 公顷，湿地面积 1 125.8 公顷，湿地率 51.2%。项目规划建设期限为 10 年（2016—2025 年），分三期进行。

图4-61　开平孔雀湖国家湿地公园（林国强摄）

十一、花都湖国家湿地公园

花都湖国家湿地公园（见图 4-62）位于广州市花都区，范围为新街河两岸的花都湖，以人工筑湖、环湖道路和周围农田的田坎为界，包括整个水面和周围的草滩地，总面积 240.6 公顷，其中湿地面积 169.3 公顷，湿地率 70.3%。湿地公园内植物以热带、亚热带类型为主，共有维管束植物 306 种，动物中有鸟类 72 种，鱼类 64 种，两栖类有 10 种，爬行类有 19 种。

图4-62　花都湖国家湿地公园（湿地公园管理处供）

十二、新会小鸟天堂国家湿地公园

新会小鸟天堂国家湿地公园（见图 4-63）位于江门市新会区天马村天马河的河心沙洲上，是全国最大的天然赏鸟乐园之一。小鸟天堂，原名"鸟墩"，总面积 274.62 公顷。小鸟天堂的鸟类以夜鹭、池鹭、牛背鹭和小白鹭最多，也最常见。此外，还有大白鹭、白鹡鸰、鹊鸲、乌鸫、大山雀、白头鹎、红耳鹎、暗绿绣眼鸟、丝光椋鸟、普通翠鸟、白胸翡翠、珠颈斑鸠等近 40 种。

图4-63　小鸟天堂国家湿地公园（陈咏梅摄）

十三、连南瑶排梯田国家湿地公园

连南瑶排梯田国家湿地公园（见图4-64）位于广东省清远市连南瑶族自治县大坪镇，总面积354.69公顷，其中湿地面积156.98公顷，包含河流湿地、沼泽湿地和人工湿地等多种类型。湿地公园范围内有大大小小的梯田500多级2 000多亩，是连南乃至南岭最具代表和集中连片最大的梯田湿地；属森林、库塘、河流、梯田复合型生态系统。野生维管束植物364种，动物180种。

2017年获国家湿地公园称号。

图4-64　连南瑶排梯田国家湿地公园（邱晨辉摄）

十四、南海金沙岛国家湿地公园

南海金沙岛国家湿地公园（见图4-65）位于广东省佛山市南海区丹灶镇东部，区域内包含水域、滩涂、林地、草地等，拥有典型的河流湿地和洪泛平原湿地，总面积1 576.11公顷，其中湿地面积1 466.62公顷。公园以金沙岛南沙涌和东平水道的水域面积为主，包括沿线的滩涂、林地和草地，是南海区唯一的国家级湿地公园，并已被纳入"佛山市大湾区高品质森林城市"等市、区、镇重点建设项目，以构建珠江三角洲地区绿色生态水网、维护区域生物多样性、完善广东省湿地保护网络体系为核心，形成区域内安全、稳定、健康的生态环境，为野生动植物提供良好的栖息与繁殖环境。

图4-65 南海金沙岛国家湿地公园（捕风捉影、穿行者摄）

2017年12月南海金沙岛湿地公园入选国家湿地公园。

十五、东江国家湿地公园

东江国家湿地公园（见图4-66），包括东江干流自黄田以下至里洞口约13.7千米河段，支流久社河南浩村以下5.48千米河段及义合镇苏家围客家乡村旅游区。湿地公园规划总面积约776公顷，其中自然湿地面积546公顷。东江国家湿地公园野生动物资源丰富，有鱼类68种，野生陆栖脊椎动物137种，野生稻等国家二级保护植物2种。列为国家一级重点保护的野生动物有2种，国家二级重点保护的野生动

图4-66 东江国家湿地公园（蒋才虎摄）

物有 10 种。

于 2012 年 12 月经国家林业局批复同意开展试点建设，于 2017 年 8 月顺利通过国家林业局验收。

十六、三水云东海国家湿地公园

图4-67　三水云东海国家湿地公园（佛山新闻）

三水云东海国家湿地公园（见图4-67）位于广东省佛山市三水区，总面积 401.97 公顷，其中湿地面积 330.59 公顷，湿地率 82.24%。湿地公园内有维管束植物 176 种，脊椎动物 143 种，国家二级重点保护野生动物 6 种。

十七、台山镇海湾红树林国家湿地公园

图4-68　台山镇海湾红树林国家湿地公园（湿地管理处供）

台山镇海湾红树林国家湿地公园（见图4-68）位于广东省江门市西部沿海区域，恩平市横陂镇与台山北陡、深井三镇相互交界处，湿地面积 3 333.4 公顷（5 万多亩），红树林面积 1 066.7 公顷（1.6 万亩）。

台山镇海湾红树林是珠三角连片面积最大、保护最好的红树林，是江门非常珍贵的"海上森林"，对江门维持生态平衡、保持生物多样性等起到了重要作用。区域内生物多样性价值突出，其中野生维管束植物 109 种，野生脊椎动物 207 种，具有极高的红树林湿地资源。

十八、珠海横琴国家湿地公园

珠海横琴国家湿地公园（见图4-69）地处横琴岛西侧，公园规划范围北起琴海西路（规划），东靠环岛西路，南临高架高速公路，西至磨刀门水道，规划建设面积约327.4公顷，其中湿地面积260.1公顷，占公园总面积的79.4%；非湿地面积67.3公顷，占公园总面积的20.6%。

图4-69 珠海横琴国家湿地公园（公园管理处供）

湿地保育区以湿地保护保育为主，以综合治理为目标，保护水源水质不受污染，维护区域生物多样性，占地面积143.4公顷；恢复重建区97.9公顷，主要对受损、退化的湿地进行恢复与重建。

十九、郁南大河国家湿地公园

郁南大河国家湿地公园（见图4-70）位于云浮市郁南县北部，面积280.1公顷，其中湿地面积133.9公顷，湿地率47.8%。湿地公园

图4-70 郁南大河国家湿地公园（云浮市水务局供）

以大河水库为主体，包括源于广西的入库溪流及大河水库大坝至西江河的河道及其洪泛湿地。郁南大河国家湿地公园有维管束植物662种，有鱼类及陆生脊椎动物199种，其中国家一级保护动物有蟒蛇，国家二级保护野生动物有虎蚊蛙、穿山甲、小

灵猫、花鳗丽等 18 种。

2019 年 12 月 25 日，通过国家林业和草原局 2019 年试点国家湿地公园验收，正式成为国家湿地公园。

二十、海陵岛红树林国家湿地公园

海陵岛原称螺岛，红树林国家湿地公园（见图 4-71）位于广东省阳江市海陵岛神前湾畔，公园总面积 6.08 平方千米，是一个四面环海的自然生态海岛。全岛陆地总面积 108.89 平方千米，其中主岛面积 105 平方千米，区域岸线 104 千米，主岛岸

线 75.5 千米，海域面积 640 平方千米。拟建的广东海陵岛红树林国家湿地公园位于海陵岛东北部神前湾，西至灵谷山，东至神前山，南至太傅大道，北至老鼠山，包括陆地、滩涂、海面和岛屿，公园植物资源丰富，有红树林品种 7 种，主要品种是桐花树、白骨壤、秋茄等，以及鸟类 189 种、甲壳动物 29 种、鱼类 25 种。

图4-71 海陵岛红树林国家湿地公园（海陵岛旅拍供）

2019 年 12 月，海陵岛红树林湿地公园入选国家湿地公园。

二十一、怀集燕都国家湿地公园

怀集燕都国家湿地公园（见图 4-72）位于广东省肇庆市怀集县西部的冷坑镇、马宁镇、梁村镇三镇交界地带，主要包括石桂坡塘、三官塘、鸡公塘、新塘水库、

连塘水库等众多库塘及周边部分水田、山体等，四至边界为：北起黄泥塘北岸，南至连塘水库堤坝，西达大塘堤坝，东抵鸡公塘东界，总面积 520.54 公顷，湿地率 35.17%。湿地公园内植物种类丰富，有野生维管束植物 494 种，公园内共有野生动物 262 种，国家一级保护动物 1 种。

图4-72 怀集燕都国家湿地公园（澎湃网）

2019 年 12 月，入选国家湿地公园。

二十二、翠亨国家湿地公园

翠亨国家湿地公园（见图 4-73）位于广东省中山市翠亨新区南朗镇横门西水道，规划面积 625.6 公顷，长 5.4 千米，其中陆地面积 243.9 公顷，湿地面积 395.44 公顷，湿地率达 63.21%，是珠江流域河口湿地生态系统的典型代表。该区域现有

图4-73　翠亨国家湿地公园（郑春华供）

成片的红树林、滩涂地、桑基鱼塘，还有多条小河流横穿其中，区内包括河口水域、红树林、永久性河流、草本沼泽等多种湿地类型，独具岭南风格的生态系统，50 公顷独特的红树林景观为湿地公园增加了宝贵的研究价值。

2019 年 12 月，正式成为国家湿地公园。

二十三、深圳华侨城国家湿地公园

深圳华侨城国家湿地公园（见图 4-74）位于广东省深圳市南山区沙河街道滨海大道，总面积 68.5 万平方米，水域面积约 50 万平方米。湿地公园与深圳湾水系相通，生物资源共有，是深圳湾滨海湿地生态系统的重要组成部分，属滨海湿地。公园记录有维管束植物 320 种，动物 410 多种。

2016 年 3 月，深圳

图4-74　深圳华侨城国家湿地公园（湿地公园管理处供）

市政府批准华侨城湿地为市级湿地公园；2016 年 12 月，华侨城湿地公园获批为国家湿地公园（试点）；2020 年 12 月，入选国家湿地公园。

二十四、华阳湖国家湿地公园

图4-75 华阳湖国家湿地公园（湿地公园管理处供）

华阳湖国家湿地公园（见图 4-75）位于广东省东莞市，由华阳湖、麻涌河、第二涌、第三滘及马滘河组成，四至边界为：东起麻涌河，南至第二涌与麻涌河交汇处，西至马滘河，北到西环路大桥。总面积 352.09 公顷，涵盖了永久性河流、洪泛平原和库塘 2 个湿地型。

华阳湖国家湿地公园位于东江三角洲平原网河区下游，地处咸淡水交界处，除辖区范围内的马滘河、第二涌、第三滘等河汊支流外，湿地水体的汇入和流出通道主要为周边的东江北干流、麻涌河和倒运海水道，主要水源排水河道为麻涌河，属于潮流作用为主的口门。湿地公园范围内共记录维管束植物 289 种，野生动物 151 种。

2019 年 7 月，华阳湖湿地公园被广东省林业局、广东省林学会认定为广东省首批自然教育基地；2020 年 12 月，入选国家湿地公园。

二十五、惠州潼湖国家湿地公园

惠州潼湖国家湿地公园（见图 4-76）位于广东省惠州市惠城区，规划总面积约 11.6 平方千米，计划用 3 年时间规划建设，于 2021 年通过国家验收。潼湖是广东省最大、最典型的内陆淡水湖泊湿地，也是惠州最具山水特色的生态核心和城市绿地。总面积约 55.5 平方千米，

图4-76 惠州潼湖国家湿地公园（王敏摄）

其中水面面积约 30 平方千米。

二十六、金银湖国家湿地公园

金银湖国家湿地公园（见图 4-77）（试点）位于广东省罗定市。地处金银河水库、罗定江生江镇和罗平镇河段，属于西江水系的河流与库塘复合湿地生态系统。公园总面积 1 003.19 公顷，其中湿地面积 335.78 公顷，湿

图4-77 金银湖国家湿地公园（罗定市水务局供）

地率 33.47%。金银湖国家湿地公园具备西南地区库塘 - 森林复合型生态系统的典型特点，其生物多样性丰富，记录有维管束植物 654 种，其中国家二级重点保护植物 4 种；记录有野生脊椎动物 213 种，其中国家二级重点保护动物 15 种。

2021 年 2 月，金银湖湿地公园入选国家湿地公园。

二十七、翁江源国家湿地公园

翁江源国家湿地公园（见图 4-78）（试点）位于广东省翁源县，总面积 614.04 公顷，湿地率 57.05%，是北江水系中河流和库塘复合生态系统。该湿地公园北起翁源县与连平县界，南至黄基潭水陂，东起翁源县与连平县界，西达黄基潭水陂，由

图4-78 翁江源国家湿地公园（邱晨辉摄）

翁江源头的贵东河、陂头河等几条支流与翁江上游及河道两侧部分林地等组成。现有维管束植物 546 种，国家一、二级保护植物 6 种；野生脊椎动物 254 种，国家一、二级（野生）保护动物 18 种。

2021 年 2 月，翁江源湿地公园入选国家湿地公园。

第五节 海 南

一、南丽湖国家湿地公园

南丽湖国家湿地公园（见图4-79）位于海南省定安县境内，南北纵跨8.59千米，东西横跨7.83千米，规划总面积30.63平方千米，其中水面面积12.86平方千米。为典型的人工湖泊湿地，是海南省唯一的淡水湖泊型国家级湿地公园。湿地公园划分为生态保育区、恢复重建区、科普宣教区、合理利用区、管理服务区。

图4-79 南丽湖国家湿地公园（高林摄）

二、三亚河国家湿地公园

图4-80 三亚河国家湿地公园（百度百科）

三亚河国家湿地公园（见图4-80）位于海南省三亚市中部，由东河片区和西河片区构成，总面积1 843.24公顷，湿地面积657.01公顷，湿地率35.64%。汇集森林、湿地和海洋三大生态系统，地跨天涯、吉阳两区。东河片区北起草蓬水库和半岭水库，东临罗蓬村，西抵东岸湿地，南至儋州桥（三亚河红树林自然保护区边界），面积703.45公顷，湿地面积239.56公顷，湿地率34.06%；西河片区北起汤他水库，南至金鸡岭桥，包括六罗水及上游水源池水库、支流汤他水及上游汤他水库、区间水库，以及六盘水与汤他水两水汇流后的三亚河等 6 个湿地单元，面积 1 139.79 公顷，湿地面积 417.45 公顷，湿地率 36.63%。湿地公园规划区内生态资源丰富，共有维管束植物 322 种，野生脊椎动物 138 种。

三、昌江海尾国家湿地公园

昌江海尾国家湿地公园（见图 4-81）位于海南省西部、昌江黎族自治县境内的海尾镇石港塘，面积 5 053.65 亩，其中湿地保育区 1 523.4 亩，恢复重建区 3 068.7 亩，宣教展示区 55.35 亩，合理利用区 362.85 亩，管理服务区 43.35 亩。

图4-81　昌江海尾国家湿地公园（海南日报供）

昌江海尾国家湿地公园可以分为人工湿地（不含水田）和沼泽湿地两大类，库塘湿地、灌丛沼泽、草本沼泽湿地 3 种湿地型。草本沼泽湿地面积 1 338 亩，灌丛沼泽湿地面积 490.5 亩，库塘湿地面积 128.85 亩。据调查，湿地公园规划范围内共有维管束植物 78 科 163 属 198 种。丰富的植物群落为动物提供了优良的栖息环境。湿地公园规划区内共有野生脊椎动物 16 目 40 科 94 种，鸟类 13 目 33 科 83 种。海尾湿地及其周边生境多样，包括沼泽、浅滩、防护林、农耕地、城镇园圃等生境为众多生物提供了栖息场所。

四、海口五源河国家湿地公园

海口五源河国家湿地公园（见图 4-82）位于海南省海口市秀英区，南起永庄水库，北至五源河河口海域。海口五源河国家湿地公园主要包括永庄水库、五源河及五源河河口海域 3 个湿地单元，规划总面积 1 300.58 公顷，其中湿地面积 958.39 公顷，有 4 个湿地类及 10 个湿地型。湿地公园共分布有野生维管束植物 96 科 318 属 427 种，野生脊椎动物 25 目 66 科 154 种，其中国家二级重点保护野生动物多达 11 种。2019 年 12 月 25 日，海口五源河国家湿地公园通过国家林业和草原局 2019 年试点国家湿地公园验收，正式成为国家湿地公园。

图4-82 海口五源河国家湿地公园（海口湿地网）

五、海口美舍河国家湿地公园

海口美舍河国家湿地公园（见图4-83）位于海南省海口市龙华区，南起羊山湿地玉龙泉，北至白沙一桥，由玉龙泉、羊山水库、沙坡水库、美舍河及沿河道部分公共绿地和凤翔公园组成。总面积468.38公顷，其中湿地面积253.37公顷，湿地率54.09%。2019年12月25日，通过国家林业和草原局2019年试点国家湿地公园验收，正式成为国家湿地公园。

图4-83 海口美舍河国家湿地公园（石中华摄）

六、陵水红树林国家湿地公园

陵水红树林国家湿地公园（见图4-84）位于海南省陵水黎族自治县，总面积958.22公顷。该湿地公园将重点恢复潟湖的湖滨带植被、改善湿地水体水质、保护和恢复湿地生态系统及其功能完整性、保护珍稀生物生境、开展湿地科普宣教活动、打造生态旅游区等。

图4-84 陵水红树林国家湿地公园（袁琛摄）

七、新盈红树林国家湿地公园

新盈红树林国家湿地公园（见图4-85）位于海南省西北部的儋州市泊潮港内，离海口市市区93千米，隶属于儋州市西联农场新盈分场，总面积507.05公顷，其中湿地面积310.59公顷（天然林红树林湿地面积126.9公顷）。

图4-85 新盈红树林国家湿地公园（苏晓杰摄）

新盈红树林国家湿地公园共有红树植物18种，其中真红树植物7科13种（含1种引进种），半红树植物5科5种。此外，湿地公园已经记录200种动物。

第五章　水利景观

第一节　云南水利景观

一、红河第一湾

图5-1　红河第一湾（潘泉摄）

红河第一湾（见图5-1）位于云南省玉溪市新平县境内的戛洒江上段水塘大窝塘，距新平县城108千米。红河流入玉溪市新平县境内时，因特殊的地形地貌使得红河在这里形成了S形景观。

红河自大理州巍山县发源后，经南涧、南华、楚雄、双柏后，进入新平县境内，而后下元江，入红河，出河口，进越南，注入南海，全长1 280千米。红河流入新平县境时，与绿汁江、大春河交汇后，三江并流，在哀牢山大、迤岨山形成反S形状景。

二、普者黑

图5-2　普者黑（丘北县供）

普者黑（见图5-2）"泸尚阁"，位于云南省文山壮族苗族自治州丘北县境内，距县城13千米。是国家级风景名胜区、国家AAAAA级旅游景区。总面积388平方千米，核心景区面积165平方千米，属于滇东南岩溶区，是发育典型的喀斯特岩溶地貌，景区内有 265 个景点，312 座孤峰，83 个溶洞，54 个湖泊相连贯通，2 万亩水面，13 千米大峡谷，3 千米茶马古道，还有 4 万亩高原喀斯特湿地。以水上田园、湖泊峰林、彝家水乡、岩溶湿地、荷花世界、候鸟天堂六大景观而著称。

三、罗平九龙瀑布

罗平九龙瀑布（见图 5-3）群，是国家 AAAA 级旅游景区，位于云南省罗平县城东北 22 千米处，九龙河原名喜旧溪，在长约 4 千米的河道上，由于特殊的地质构造和水流的千年侵蚀，在此形成了十级高低宽窄不等、形态各异的瀑布群，

图5-3　罗平九龙瀑布（曲靖市水务局供）

其中最大的一级宽 112 米、高 56 米，气势恢宏，蔚为壮观，号称九龙第一瀑。瀑布群凭借地貌差异形成了大小十级瀑布。因景点密集而形成其独有的观赏特点，一年四季美景不断，素有"九龙十瀑，南国一绝"的美誉。

四、大叠水瀑布

大叠水瀑布（见图 5-4）又名飞龙瀑，位于云南省石林县西南 25 千米，为南盘江支流的巴江跌落而形成。其水源是南盘江支流巴江与几弯河汇流的下游白鸽江，江水遇 2 条平行的断裂层而形成 2 处较大的落差，第一道称小叠水，第二道称大叠水。瀑布景区由珍珠泉、

图5-4　大叠水瀑布（满分旅行啊摄）

小叠水瀑布、大叠水瀑布、仙人洞、清水河等景点组成。第一叠落差约 5 米，第二叠落差 87.8 米，总高 92 余米，宽 30 余米，雨季流量 150 立方米每秒，枯季流量 3.2 立方米每秒。大叠水瀑布是云南省最大的瀑布。

第二节　贵州水利景观

一、黄果树瀑布

图5-5　黄果树瀑布（吴忠贤摄）

黄果树瀑布（见图 5-5），古称白水河瀑布，亦名"黄葛墅"瀑布或"黄葛树"瀑布，位于贵州省安顺市镇宁布依族苗族自治县，属珠江水系打帮河支流可布河下游白水河段水系，为黄果树瀑布群中规模最大的一级瀑布，是世界著名大瀑布之一。以水势浩大著称。瀑布高 77.8 米，其中主瀑高 67 米；瀑布宽 101 米，其中主瀑顶宽 83.3 米。黄果树瀑布属喀斯特地貌中的侵蚀裂典型瀑布。

图5-6　贵州马岭河峡谷（杨争红摄）

二、贵州马岭河峡谷

贵州马岭河峡谷（见图 5-6）是国家级风景名胜区，位于兴义城东北 6 千米，从河源至河口长约 100 千米的流程内，落差近千米，下切能力强，在海拔 1 200 米的坦荡平川上切割出长达 74.8 千米、谷宽 50 ～ 150 米、谷深 120 ～ 280 米的马岭河峡谷。

三、小七孔瀑布

小七孔瀑布（见图 5-7）位于荔波县城西南 30 余千米的群峰之中，因一座清代年间的小七孔古桥而得名。瀑布有因河水落差形成的河床瀑，也有因河水自陡岩上跌落而成的飞瀑。瀑布多处，不足百米的河段，有 20 多级层叠的瀑布景观。瀑布落差大的，高有数十米，小的只有一两米。在长 3 千米的河段，共有 68 座瀑布，20 多个深潭，有金钟洞景观。

图5-7　小七孔瀑布（曾祥忠摄）

第三节　广西水利风景

一、红水河第一湾

红水河，中国珠江水系干流西江的上游，在贵州省和广西壮族自治区间。源出马雄山，称南盘江与北盘江相会后称红水河。红水河因流经红色砂贝岩层、水色红褐而得名。红水河第一湾位于广西壮族自治区河池市东兰县三石镇板文村境

图5-8　红水河第一湾（江海荣摄）

内。红水河在流经板文村境内的一个地方拐了一个大弯，形成一个 U 字形的大峡谷，即为红水河第一湾（见图 5-8）。其河道狭窄，两岸高山耸立，直插云天，与水面落差数百米，峡谷间云雾缭绕，是寻奇、览胜、探幽难得的景观。

二、德天瀑布

德天瀑布（见图 5-9）位于大新县归春河上游，距中越边

图5-9　德天瀑布（潘艳秋摄）

境53号界碑约50米。清澈的归春河是左江的支流，也是中越边境的国界河，德天瀑布是它流经浦汤岛时的杰作。浩浩荡荡的归春河水，从北面奔涌而来，高崖三叠的浦汤岛，巍然耸峙，横阻江流，江水从高达50余米的山崖上跌宕而下，撞在坚石上，水花四溅，水雾迷蒙，远望似缟绢垂天，近观如飞珠溅玉，透过阳光的折射，五彩缤纷，那"哗哗"的水声，振荡河谷，气势十分雄壮。瀑布三级跌落，最大宽度200多米，纵深60多米，落差70余米，年均流量50立方米每秒，所在地地质为厚层状白云岩。德天瀑布是东南亚最大的天然瀑布，被国家定为特级景点。它与越南的板约瀑布连

图5-10　吉星岩（谌莎莎摄）

图5-11　金城六甲小三峡（江海荣摄）

为一体，就像一对亲密的姐妹。中越边民在瀑布的下游，进行着边贸往来，曾经是肩挑人扛。

三、吉星岩

吉星岩（见图5-10）位于德保县南10千米处，因地处吉星屯前的"星山"而得名，溶洞贯穿5座大山，主要由序洞、通天洞、龙王宫（地下河）、惊天洞、无名洞、摩天洞等6大景区组成。各洞厅宽5～40米，高3～30米。现已探明的景点有500多处，总长4 000余米。已开发供游人观赏的景点有200多处。

四、金城六甲小三峡

金城六甲小三峡（见图5-11）位于金城江区六甲镇，离河池市区15千米。由天门峡、神门峡、龙门峡等组成，堪比长江三峡更险峻秀色，素有"南国水上大峡谷"美誉。

天门峡由2座直插云霄的

大山兀立于龙江两岸，景点有：一峰独秀，天门雄姿，拇指山，野蕉岭探险，古道遗址，回望天门等。

神门峡山峰兀立、绝壁斧削、钟乳倒悬、古藤挂天、曲径通幽，景点有马鞍山、马头屏风、雄狮盼日、天然氧吧、孔雀迎宾、美女出浴、一线天景观、悬棺洞、群蟒奔崖、万马奔腾等。

龙门峡景点有风帆石、埋头小象、拉江红叶、世外桃园、鲤鱼跳龙门、巨蟒出洞、九维画山等。

第四节　广东水利风景

一、西江小三峡

西江小三峡（见图5-12）位于广东省肇庆市附近的西江上，由羚羊峡、三榕峡、大鼎峡组成。其中羚羊峡全长6.5千米，两岸山峰高达800多米。峡口有龙华古寺和峡山古寺南北对峙，还有函碧园和桂园第二峰精舍等。从东向西有20处景点：砚渚清风、羚峡归帆、罗隐下院、桃溪夕照、望夫归石、出入山虎、清风仙阁、归猿古洞、景福花冢、古塔倒影、江楼晚眺、宝塔雨云、白沙夜月、五显渔灯、五马归槽、龟蛇锁江、镇水大鼎、鹅窟涛声、龙舌王侯、榕峡钓台。西江小三峡中最有代表的是羚羊峡。

图5-12　西江小三峡（王晓东摄）

二、惠州西湖

惠州西湖（见图5-13）古称丰湖，在广东省惠州市城西，是东江洼地积水而成

图5-13　惠州西湖（王锦琼摄）

的天然湖泊。东依市区，西依丰山，南临鹅岭，北注东江。原有丰、鳄二湖区，后湖水盈溢，逐步增平湖、菱湖、南湖区，五湖一脉相通，组成惠州西湖，南北纵长6千米，东西宽4千米，面积约24平方千米。湖水源出于西部的山中。惠州西湖的5个湖区，平湖面积最大，胜迹很多。北端环绕有平湖堤，是北宋时陈偁所建，通称为陈公堤，今同东江大堤连成一体。堤外是东江。堤上有拱北桥。春时西湖涨满，湖水通过拱北桥闸，势如涌雪泻入东江。

三、星湖

星湖（见图5-14）位于肇庆市区北部，因湖、岩交错，点缀如星，故名星湖，是国家AAAAA级景区。星湖之名始于明崇祯九年（1636年）石室摩崖石刻《星岩歌》。曾称沥湖，意为"西江余沥"。分为中心湖、波海湖、东湖、红莲湖、青莲湖和里湖。

图5-14　星湖（星湖风景名胜区管理局供）

第六章　沿江城市

第一节　郁江南宁

南宁（见图6-1），简称"邕"，别称绿城、邕城，是广西壮族自治区首府、北部湾城市群核心城市、国务院批复确定的中国北部湾经济区中心城市、西南地区连接出海通道的综合交通枢纽。南宁地处中国华南地区、广西南部，中国华南、西南和东南亚经济圈的结合部，是泛北部湾经济合作、大湄公河次区域合作、泛珠三角合作等多区域合作的交汇点，也是中国—东盟博览会永久举办地、国家"一带一路"有机衔接的重要门户城市。

图6-1　邕江南宁（谭详友摄）

东晋时，晋元帝大兴元年（318年）。从郁林郡分出晋兴郡，下辖晋兴等4个县。南宁为广州晋兴郡晋兴县，晋兴郡治设在晋兴县城，即今南宁。这是南宁第一次成为既是县级又是郡级治所。元泰定元年（1324年）为庆边疆之绥服，寓南疆安宁之意，改邕州路为南宁路。南宁得名，即始于此。1958年3月5日，广西壮族自治区在南宁宣告成立，南宁为广西壮族自治区首府。

第二节　桂江桂林

桂林（见图6-2）之名，始于秦代，桂林郡因当地盛产玉桂而成名，是原广西省省会。桂林市辖秀峰、叠彩、象山、七星、雁山、临桂6个区，是世界著名风景游览城市、万年智慧圣地，是国务院批复确定的中国对外开放的国际旅游城市、全国旅游创新

图6-2　桂江桂林（唐丹岚摄）

发展先行区和国际旅游综合交通枢纽。1201年，著名诗人王正功赋诗"桂林山水甲天下"。桂林是首批国家历史文化名城，甑皮岩发现的陶雏器填补了世界陶器起源的空白，是中国制陶技术重要的起源地之一。

夏商周时期，这里是"百越人"的居住地，春秋战国时期，岭南称百越之地，桂林属百越的一部分。公元前214年，秦王朝征服百越，在岭南设置桂林郡。

第三节　柳江柳州

图6-3　柳江柳州（曾祥忠摄）

柳州（见图6-3）别称壶城、龙城，是国家历史文化名城，位于广西壮族自治区中北部，下辖城中区、鱼峰区、柳南区、柳北区、柳江区5个区。柳州是沟通西南与中南、华东、华南地区的重要铁路枢纽，素有"桂中商埠"之称，是与东盟双向往来产品加工贸易基地和物流中转基地城市，西南出海大通道集散枢纽城市，"一带一路"有机衔接门户的重要节点和西部大开发战略中西江经济带的龙头城市和核心城市，是广西壮族自治区最大的工业基地，是面向东部、南部沿海和东南亚的区域性制造业城市，是中国唯一同时拥有四大汽车集团整车生产基地的城市。

柳州是中国最早古人类之一"柳江人"的发祥地，有2 100多年建置史，古属百越之地。秦始皇统一岭南后，属桂林郡。秦末汉初柳州属南越国地。西汉元鼎六年，在此设郁林等郡，置潭中县，为柳州建置之始。

第四节　西江梧州

梧州（见图6-4）位于广西壮族自治区东部，扼浔江、桂江、西江总汇，自古以来便被称作"三江总汇"。梧州市辖万秀区、长洲区、龙圩区3个区，是广西壮族自治区的东大门，是中国西部大开发12个省中最靠近粤港澳的城市。有"绿城水都""百年商埠""世界人工宝石之都"之美称。

图6-4　西江梧州（何华文摄）

梧州是古苍梧郡、古广信县所在地，岭南文化发源地之一。汉高后五年（公元前183年），赵光在此地建苍梧王城，这是梧州建城之始。至今已有2 200多年建城史。

第五节　珠江广州

广州（见图6-5）地处中国南部，珠江下游，濒临南海，国际性综合交通枢纽，首批沿海开放城市，是中国通往世界的南大门，粤港澳大湾区、泛珠江三角洲经济区的中心城市以及"一带一路"的枢纽城市。

图6-5　珠江广州（陈冲摄）

公元3世纪起成为"海上丝绸之路"的主港，唐宋时成为中国第一大港，是世界著名的东方港市，明清时是中国唯一的对外贸易大港，也是世界唯一两千多年长盛不衰的大港。广州被评为世界一线城市，每年举办的中国进出口商品交易会吸引了大量客商以及大量外资企业、世界500强企业的投资。福布斯中国大陆最佳商业城市排行榜居第二位。珠江两岸的珠江新城作为广州发展的缩影，能突出展现广州魅力。

第六节　韩江梅州

梅州（见图6-6）位于广东省东北部，地处闽粤赣三省交界处，东部与福建省龙岩和漳州接壤，南部与潮州、揭阳、汕尾毗邻，西部与河源接壤，北部与江西省赣州相连。下辖梅江区、梅县区。梅州是明清以来客家人衍播四海的主要出发地，是全球最有代表性的客家人聚居地，被誉为"世界客都"。

《禹贡》分天下为九州时，梅州地属扬州南境。春秋时属七闽地，战国时先后属越国、楚国，秦汉时期分属南海郡龙川县和揭阳县。秦末赵佗称王时则属南越国。三国两晋时，分属东官郡的龙川县和揭阳县（海阳县），南朝齐永明元年（483年），析海阳县设程乡县。隋唐时分属循州（龙川郡）和义安郡（亦称潮阳郡或潮州）。五代十国南汉乾和三年（945年），亦即后晋开运二年，程乡升为敬州，领程乡县。这是梅州州治设立的开始。宋开宝四年（971年），因避宋太祖祖父赵敬之讳，改"敬州"为"梅州"。

图6-6　韩江梅州（汇图网ljc332摄）

第七节　北江韶关

韶关（见图6-7），古称韶州，因韶石山得名，位于广东省北部，辖浈江区、武江区、曲江区。韶关是客家文化的聚集地、马坝人的故乡、石峡文化的发祥地、禅宗文化的祖庭、一代名相张九龄的故乡，南雄珠玑古巷是广府文化的发祥地和广府故里，是广东省少数民族的主要聚居区，被誉为"岭南名郡"。

西汉元鼎六年（公元前 111 年），设曲江县，属桂阳郡，治所在今韶关市区东南莲花岭下。曲江县至今有 2 100 多年的城市历史。

图6-7　北江韶关（陆永盛摄）

三国吴甘露元年（265 年），设始兴郡，曲江县为始兴郡治所。东晋时移治今韶关西南。隋开皇九年（589 年），改设韶州府，因州北名胜韶石山得名。唐为韶州治。五代南汉移治今韶关市。

第八节　东江惠州

惠州（见图 6-8），广东省地级市，地处粤港澳大湾区东岸，背靠罗浮山，南临大亚湾，下辖惠城区、惠阳区。古代即有"岭南名郡""粤东门户"之称，简称鹅城。

公元前 214 年（秦始皇帝三十三年）置傅罗县，汉武帝平定南越国后改称

图6-8　东江惠州（惠州市水利局供）

博罗县，331 年（东晋咸和六年），博罗县析置海丰县，589 年（隋开皇九年），废梁化郡置循州，607 年（隋大业三年）废循州，改置龙川郡；唐代，于 622 年（唐武德五年），龙川郡复名循州；690 年（唐周天授元年）废循州，置雷乡郡；742 年（唐天宝元年），改雷乡郡为海丰郡；758 年（唐乾元元年）废海丰郡复循州；917 年（南汉乾亨元年），循州析置祯州。1020 年（宋天禧四年），祯州改名惠州。

第七章　旧式水利设备

第一节　戽　斗

图7-1　戽斗（百度百科）

作为一种取水灌田用的旧式汉族农具，戽斗（见图7-1）很早就在中国用于灌溉农田了。由于人的身高所限，戽斗的提水高度一般在0.5～1米。有些地方把水斗做成簸箕形，绑在杆上，一人操作即可。

第二节　水　车

水车（见图7-2）是一种古老的提水灌溉工具，也叫天车，水车外形酷似古式车轮，轮幅直径大10～20米，可提水高达15～18米。车轴支撑着24根辐条，呈放射状向四周展开，每根辐条的顶端都附有刮板和水斗。刮板刮水，水斗装水。河水冲来，借着水势的运动惯性缓缓转动着辐条，一个个水斗装满了水被逐级提升上去，水斗又自然倾斜，将水注入渡槽，通过渡槽灌溉农田。从东汉到三国"翻车"正式的产生，可以视为中国水车成立的第一阶段。发展到了唐宋时代，在轮轴应用方面有了很大的进步，能利用水力为动力，做出了"筒车"，配合水池和连筒可以使低水高送。到了元明时期，轮轴的发展更进步，利用水力和兽力为驱动，另有"高转筒车"的出现使人力终于从翻车脚踏板上解放出来。

图7-2　水车（潘燕秋摄）

第三节 水 碓

　　水碓（见图7-3）称机碓、水捣器、翻车碓、斗碓或鼓碓水碓，是脚踏碓机械化的结果。水碓的动力机械是一个大的立式水轮，轮上装有若干板叶，转轴上装有一些彼此错开的拨板拨动碓杆，完成间隙性碓捣，每个碓杆用柱子架一端装有一块圆锥形石头，下面的石臼里放上准备加工的稻谷或用于加工陶瓷的瓷土。立式水轮在这里得到最恰当、最经济的应用，正如在水磨中常常应用卧式水轮一样。利用水碓，可以日夜加工粮食。

图7-3　水碓（陆永盛摄）

第四节 水 磨

　　水磨（见图7-4）是用水力作为动力的磨，水磨的动力部分是一个卧式或立式水轮，在轮的主轴上安装磨的上扇，流水冲动水轮带动磨转动。随着机械制造技术的进步，人们发明构造比较复杂的水磨，一个水轮能带动几个磨转动，这种水磨叫作水转连机磨。

　　水磨大约在晋代就发明了。马钧大约在公元227—239年间创造一个由水轮转动的大型歌舞木偶机械，包括以此水轮带动舂、

图7-4　卧式驱动水磨（李泽华摄）

磨。无疑，这是根据当时流行的水碓、水磨而设计的。在马钧之后，杜预造连机碓，其中也可能包括水磨。祖冲之在齐明帝建武年间（公元494—498年）于建康城（今南京）乐游苑造水碓磨，这显然是以水轮同时驱动碓与磨的机械。几乎与祖冲之同时，崔亮在雍州"造水碾磨数十区，其利十倍，国用便之"，这是以水轮同时驱动碾与磨的机械。可见水磨自汉代以来，蓬勃发展，而到三国时代，多功能水磨机械已经诞生成型。

第五节　水轮泵

图7-5　水轮泵（陆永盛摄）

水轮泵（见图7-5）是一种以水力为动力的提水机械泵，水轮泵由水轮机、泵两部分组成。水轮机的转轮与水泵的叶轮装在同一轴承上，当水流在存在水位差的情况下流动时冲击水轮机，使主轴带动水泵叶轮一起旋转，从而达到提水的目的。水轮机与水泵同轴，动力与抽水两部分结合成一体，因此无须传动设备和充水设备；水轮机与水泵的轴向力方向相反，大部分互相抵消，因此无须轴向力平衡装置；在水能资源丰富的山区丘陵地区，可利用简单工程取得足够的水头和流量。主要用于农田灌溉、发电和山区供水等。其最突出的特点是无须机电动力进行提水。

在20世纪60年代我国南方就大量推广应用，在珠江流域特别是山区应用较多，现在还有部分水轮泵在发挥着农田灌溉作用，为提高扬程和出水量，采用串联与并联模式提高其提水效能。

第八章 与水有关的风俗

第一节 龙舟赛

龙舟赛（见图8-1）最早可以追溯到五代十国时期的南汉，早期赛龙舟只是一种宫廷活动，南汉后主刘䶮（958—971年在位）当年在广州城西疏浚"玉液池"，每年农历端午节举行龙舟竞渡。明、清两代是广州龙舟竞渡的鼎盛期。广东龙舟竞渡前，先要请龙、祭神，在端午前要从水下起出，祭过神后，安上龙头、龙尾，再准备竞渡，并且买一对纸制小公鸡置龙船上，认为可保佑船平安。龙舟形式多样，

图8-1 赛龙舟（潘燕秋摄）

大体上可分顺德龙舟、南海九江镇龙舟、东莞龙舟、中山龙舟、叠滘龙舟、潮汕龙舟等。

第二节 水上婚嫁

斗门水上婚嫁（见图8-2）习俗是独特的传统民俗文化。据记载，广东当时有"陆上人家""山上人家""水上人家"。"水上人家"以船为家，清雍正七年，官府才允许他们上岸务农，与陆人混居，于是，在斗门形成了独特的水上婚嫁。斗门水上婚嫁习俗源于疍家人对歌成亲的礼仪。它形成于清初，成熟于清代同治光绪年间，融汇了广府文化和客家文化的元素。2008年6月，斗门水上婚嫁习俗被列入第二批

图8-2 水上婚嫁（汇图G4影像）

国家级非物质文化遗产保护名录。

第三节　汲新水

汲新水（见图8-3）又称挑伶俐水、挑新水、挑乖水。流传于桂西一带，刘锡藩《岭表纪蛮·节令》载：元旦，提瓮汲新水，沿路唱"牛羊鸡豕、六畜魂来"一语。每年农历正月初一拂晓，姑娘们身着盛装，争先到河边，用新水桶到井旁去挑水或汲水。

图8-3　汲新水（黄晗摄）

这一担纯净、吉祥的水，以汲到第一桶水为最好。用这水煮从娘家带来的尖山茶，泡一杯杯浓酽的"新娘茶"敬奉公婆与客人，以示与家人客人的情戚谊浓；煮一锅鼎香稠的"新娘粥"，以示从今以后将与丈夫家人同甘共苦。挑水时用绳拖回几块象征六畜的石头，放进牛圈猪栏，祈求六畜兴旺。用红糖、竹叶、葱花等烧开水、全家人各喝一口，象征今后身体健康，万事如意。

第四节　七夕水

图8-4　七夕水（MIni小新摄）

七夕水（见图8-4）也称"七月七水"，据说"七夕水"有神奇的功能，久储不变，可以治疗烫伤，去除疮毒等，七夕冬瓜水可清热解暑，去热清毒，是民间传统自制的良药。广东、广西一带都有储存"七夕水"的风俗，就是在初七早晨头遍鸡鸣之后，各家都要去河边取水，取回后用新瓮盛起来，待日后使用。

第九章 涉河驿道

第一节 湘粤古道

　　湘粤古道即秦汉古道，是古代沟通湖南和广东的要道，坐船南下至广东最远只能到达郴州，便要换走陆路经由湘粤古道继续南下；同样，从广东坐船北上也只能到达湘粤古道的南端宜章。湘粤古道曾是在过去 2 000 年里，沟通中原与岭南一带的交通要道。到宜章后，商旅基本会在这里进行修整，从这里朝西南行进，会抵达连州，朝东南行进，到坪石，然后通过连江或者武江水路进入广州。

　　坪石镇位于武江河上游河畔，于清道光年间始设墟，后来日趋繁盛，据同治《乐昌县志》记载：坪石三街店铺多至数百间，百货云集，此亦一市埠也。老坪石街客居的各省商人，设有楚南会馆、江西会馆、广同会馆等。武江河是沟通湖南、广东两省的主要运输线之一。是西京古道武江水路之乡，是一个拥有千年历史的古县（南北朝的南朝梁时期，在今老坪石西设立平石县），代表着武江的历史文化。历史上，它曾经也是广东、广西、湖南、江西 4 省交界的经济、交通、金融、文化交流繁荣区。

这里有历史上著名的西京古道，沟通着中原与南越；南来北往的商船云集平石，停泊码头的船只有六七百艘，从萧家湾船厂至下街拱桥城门，设有码头20 多处。武江水路平石为交通枢纽，清代曾设千总署。

　　水运时期之平石，出现过前所未有的繁华。现在保存较为完好的三星坪码头（见图9-1）、畈塘村等。

图9-1　三星坪古码头（诗意旅途中摄）

第二节 潇贺古道

潇贺古道（见图9-2）由湖南道县的双屋凉亭、麦山洞入江永县的锦江、岩口塘至广西富川的麦岭、青山口、黄龙（富阳）、古城。陆程全长170多千米，经过30多个村寨和城镇。路宽1～1.5米不等。多为鹅卵石和碎角石铺成，也有用青石块铺垫而成的，它逢山开路，遇水搭桥，蜿蜒曲回于巍峨的西岭山脉丘陵之间，北连潇水、湘水和长江，南结临水（富江）、封水（贺江）和西江，连通长江水系和珠江水系。另外，由于这条古道连潇水达贺州，所以人们将之命名为潇贺古道。

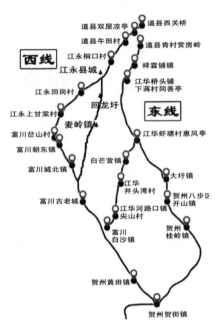

图9-2 潇贺古道示意

秦始皇二十八年（公元前219年）冬，潇贺古道的雏形秦"古道"建成，福溪村（见图9-3、图9-4）便是潇贺古道从湖南进入贺州的第一个文化古村。因位置特殊，福溪一度被称为"南邪关"。福溪村始建于唐宋时期，据《福溪源流记》记载："周、蒋、陈、何各姓贤祖列宗，分邑郡县，于唐末宋初先后迁徙而来，其初地形凹凸高低不等。"五代十国时期，福溪村被南楚开国君主马殷统治，当时土匪猖獗，马殷派兵剿匪成功后留驻于此。北宋咸平元年（998年），周敦颐家族的一支从百里外的湖南道县迁徙至福溪繁衍生息，后来又有何、陈二姓的人群到此定居，形成了蒋、周、何、陈四姓同聚的独特居住形式，此后村寨的规模不断扩大。宋代理学鼻祖周敦颐曾在这里开设学堂授课，是一个历史文化厚重的瑶族古村落。丰富且保存完好的历史遗迹的古村落，里面有很多厅堂、戏台、房屋、碑刻等。

图9-3 福溪古村全景（周华摄）

图9-4 福溪古村街景（网易最爱红烧肉）

第三节 九渡古驿道

九渡古驿道是秦汉时期的赣粤古道,从江西信丰一直到南雄乌迳抵新田村(见图9-5～图9-7)。古道陆路从江西信丰九渡镇潭头水村开始,经分水坳、焦坑俚、担水排、犁水坵、老背塘、石迳墟、迳口、石盘江、锦龙墟、石坳哩、永镇街、乌迳墟,进入新田村。曾经出现"九渡八圩"的盛景。"九渡",就是从信丰县城桃江溯西江河到九渡地域,其间有九个渡口,一派帆船穿梭,货物畅流,"日屯万担米,夜行百只船"的繁忙景象。"八圩",是古道沿途日渐形成的九渡圩、中坝圩、下坪圩、长江圩、池江圩、石迳圩、乌迳圩、新田圩。五六十华里长的古道能有8个圩场,可以想见其"车水马龙,摩肩接踵"的昔日繁华盛况。

图9-5 乌迳古道新田段(谌莎莎摄)

九渡经中坝向南延伸,一直到南雄乌迳抵新田村。秦汉以来,北人大量南迁,早于珠玑巷,流传"先有新田李,后有乌迳镇;先有新田李,后有浈昌县。"到达新田村后,沿着昌水、浈水、北江到达珠三角。

始兴古驿道沿线驿、铺设置,据明嘉靖《始兴县志》记载,始兴设有黄塘驿,位于马市镇高水行政村辖区内的黄塘自

图9-6 新田古村(村委会供)

然村。铺舍自西向东分别有总铺、正富铺、七里铺、马眼铺、堦口铺、黄塘铺、楹塘铺、圆岭铺、黄田铺、璎珞铺、都塘铺、古禄铺、斜潭铺、县前铺。其中,古禄铺现处在南雄境内。因此,除去古禄铺,明代时期始兴共有1驿13铺。从这些驿铺的走向看,

基本上是沿着浈江河两岸，东西走向横贯始兴全境，而且从总铺至黄田铺，都位于浈江河北岸，县前铺、斜潭铺、黄塘驿、璎珞铺、都塘铺、古禄铺均在浈江河的南岸。始兴古驿道主要分布于浈江（始兴段）两岸，它的形成繁荣了浈江两岸的经济，

图9-7　古道乌迳段、信丰段（谌莎莎摄）

图9-8　马市镇古码头（谌莎莎摄）

带旺了沿线自然村落，如黄塘驿站、黄塘巡检司所在的黄塘古村落便形成了其独特的村落文化。作为北上南下必经的水陆交通要道，黄塘设立驿站之后，车来马往，需要大量的马匹。之后就在黄塘村东面的坳口自然形成了一个马匹交易的场所，因此当地人把这里称作"马子坳"，就是现在的马市镇（见图9-8～图9-10）。

图9-9　马市镇黄塘村古码头（谌莎莎摄）

图9-10　乌迳古道、梅关古道示意

第四节 梅关古道

梅关在秦时称横浦关，也称秦关，在大庾岭因梅花而别名梅岭，故记载中梅岭古道（见图9-11）、大庾岭道、梅关古道均指本关或关及两侧古道。唐开元四年（公元716年），张九龄以大庾岭"千丈层崖""人苦峻极"为由上书朝廷，请开大庾岭道，很快获得允准。张九龄亲到野外踏勘地形，在丛林溪涧间寻找到一条最佳路线，并趁冬天农闲，发动群众参加

图9-11 梅关古道（谌莎莎摄）

修筑，结果这条岭道提前竣工。北接江西大余，南抵广东南雄，成为连接珠江和长江水系的陆上纽带，大庾岭道凿成后，很快成为南北往来的通行大道。北江和浈水航运自此蒸蒸日上，由于大庾岭道的修通，南北交通大为改观，成了连接南北交通的主要孔道，后人誉为"古代的京广线"，以后这条通道逐渐成为南来北往的货物的主要通道，亦成为中国"海上丝绸之路"（亦称香料之路）的重要一段。

第五节 粤赣古道

粤赣古道，广义是指位于广东省东北部、古代连接起赣粤两省的通道，包括水路和陆路，官道和民间古道。狭义的粤赣古道，特指2017年新发现的河源市通往江西省的古道。河源市粤赣古道历史悠久，自北向南从和平县西部向南通往连平县东南部，穿越东源县，

图9-12 粤赣古道玉水村段（谌莎莎摄）

直至河源市茶山公园，与水域相贯通，主道总长约 150 千米。

粤赣古道盐道的起点在潮汕地区，当地海盐走水路逆韩江而上，运至大埔三河坝后转从梅江而上，至梅县东山码头后，改为陆路由挑夫肩挑北上，从玉水村（见图 9-12）经梅县大坪、平远石正进入江西流车、寻乌，至江西筠门岭后进会昌县城为终点，全程约 230 千米。

第六节　牂牁道

牂牁道即牂牁江，在西汉司马迁《史记·西南夷列传》、东汉班固《汉书·西南夷两粤朝鲜传》中皆记载："夜郎者，临牂牁江，江广百余步，足以行船"。"夜郎所有精兵可得十余万。浮船牂牁江，出其不意，此制越一奇也。"西汉番阳（今江西鄱阳）县令唐蒙"将千人，食重万余人"从巴蜀筰关（今四川汉沅东南）入，遂见郎候多同"。后来，唐蒙"发巴蜀卒治道，自僰道（今四川宜宾安边场）指牂牁江"。

《史记》记载，唐蒙打听到蜀郡（今四川）出产的蒟酱，是当地人偷偷拿到夜郎国（今贵州、广西境内）去卖的。蒟酱、牂牁江、通番禺，头脑灵活的唐蒙把这几个关键词串联在一起，推断出一个令他既震惊又兴奋的结论: 夜郎国和南越国之间，必然存在一条不为中原人熟知的通道，那就是牂牁道。公元前 112 年（元鼎五年），汉武帝利用唐蒙的情报和计谋，兵分四路攻打南越国，其中一路奇兵，就是由驰义侯率领部队从巴蜀进夜郎，再下牂牁江与其他几路人马会师番禺。牂牁道就是北盘江（见图 9-13）。

图9-13　北盘江（龙宜刚摄）

第十章 名山、名泉、名茶

第一节 名　山

一、秀山

秀山（见图10-1），素有"秀甲南滇"的美誉，与昆明金马山、碧鸡山，大理点苍山同列云南四大名山。相传汉之句町王毋波站在此辟山林，建古刹，立亭园。经千百年来历代的扩建修缮，逐渐成为名闻远近的游览胜地。一座座宫殿、庙宇、楼阁分别坐落在秀山的密林深处，寺内、殿内匾联和碑林近200多副（块）。寺内有元代佛塔2座，庄重古雅富有民族特色；寺内的元柏、宋杉枝茂苍翠。秀山的楼房，均面北向湖而建，且都包孕于几个主要寺庙之中。"海月楼"建于清凉台之左右侧。"天镜楼"位于斗天阁之前。"还鹤楼"在桃源深处，乃通海名士阚祯兆隐居之所。竺国富之西侧即为海月楼。

图10-1　玉溪通海秀山（光厂羽毛的眼睛）

二、哀牢山

哀牢山（见图10-2），得名于古哀牢国，是古哀牢国东界界山，位于云南中部，为云岭向南的延伸，是云贵高原和横断山脉的分界线，也是元江和阿墨江的分水岭。

哀牢山走向为西北—东南，北起楚雄市，南抵绿春县，全长约 500 千米。哀牢山最高峰在新平县水塘镇境内的大磨岩峰，海拔 3 166 米。哀牢山形成于中生代燕山运动时期，至第四纪喜马拉雅运动时期，地面大规模抬升，河流急剧下切，形成深度切割的山地地貌。主要由砂页岩、石灰岩及各类变质岩组成。山体东部因沿断裂带下切较陡，相对高差大，西坡则较平缓。

图10-2 哀牢山（《人民珠江》供）

三、月亮山

月亮山（见图10-3）地处从江、榕江、三都、荔波四县的交界处，最高海拔 1 508 米，是苗族人的圣地之一。月亮山地区有许多原生态的民族，如摆贝苗寨、岜沙苗寨（世界最后的带枪部落）、高华瑶寨（创造了世界三大药浴之一的瑶浴）等。月亮山地区到处是苗族人开发的梯田，其中贵州最美的梯田——加榜梯田就在月亮山。而月亮山的原始森林则是无人涉足之地，当地流传着野人的故事。

图10-3 月亮山（美丽中国忠心可鉴）

四、猫儿山

桂林猫儿山（见图 10-4）是五岭最大者，四百里越城岭山脉的最高峰神猫顶，为华南第一高峰，是"山海经第一山"。峰顶为一花岗岩巨石，形似卧猫，故称猫儿山。

猫儿山位于资源县中峰乡兴安县华江瑶族乡。呈东北一南西走向。猫儿山西北方即两水苗族乡，东南方有条较大的长沟，那是越城岭的中支和西侧支的分界起点。桂林猫儿山是两江（资江和漓江）的主源。猫儿山在寒武纪褶皱成山，经剥蚀夷平后，在

图10-4 猫儿山（广西旅游发展集团供）

加里东运动时再次隆起，燕山运动和喜马拉雅运动均有隆起，是广西古老的山地。地层以加里东晚期花岗岩及古生代变质岩为主，次为震旦系变质岩及燕山期花岗岩。

五、桂平西山

桂平西山（见图 10-5）是我国著名的七大西山之一，又称思灵山（思陵山）。从南梁王朝设桂平郡治于西山大窝棚起，渐成为游览胜地。西山和其周围众多景点景观组成了桂平西山集锦式大型风景名胜区。以西山为中心，其周围 35 千米内有全国重点文物保护单位金田起义遗址、龙潭国家森林公园，以及由大藤峡、白石洞天、罗丛福地、紫荆瑶山、浔州古城秀京、北回归线标志塔、东塔等组成的风景名胜群。西山素以"林秀、石奇、泉甘、茶香、佛圣"著称。佳期木交荫，石洞通灵，清泉喷乳，仙茗凝香，名庵古寺高僧驻锡。西山下黔江郁水交江浔江，东塔回澜。浔州

古城是古代大成国国都秀京，保存着王府遗址和宋代古窑址、汉墓、新石器时代遗址等名胜古迹。北回归线标志塔、东塔、郁江枢纽工程就在大江岸3 千米内。白石洞天，是全国"三十六洞天"中的"二十一洞天"，为典型的丹霞地貌，石峰险绝，山下是著名的麻垌荔乡。

图10-5 桂平西山（猎鹰个人图书馆）

六、丹霞山

丹霞山（见图 10-6）位于广东省韶关市仁化县境内，总面积 292 平方千米，是广东省面积最大的风景区，以丹霞地貌景观为主的风景区和世界自然遗产地，丹霞地貌属于红层地貌，是一种水平构造地貌。它是指红色砂岩经长期风化剥离和流水侵蚀，形成孤立的山峰和陡峭的奇岩怪石，是巨厚红色砂、砾岩层中沿垂直节理发育的各种丹霞奇峰的总称。

图10-6　丹霞山（《人民珠江》供）

七、罗浮山

图10-7　罗浮山（惠州旅游）

罗浮山（见图 10-7），雄峙于岭南中南部，坐临南海大亚湾，毗邻惠州西湖。罗浮山方圆 214 多平方千米，共有大小山峰 432 座，飞瀑名泉多达 980 多处，洞天奇景 18 处，石室幽岩 72 个，以山势雄伟壮观、植被繁茂常绿、林木高大森古、神仙洞府超凡脱俗的特色吸引古今无数的名仙名人和游客。历代诗人陆贾、谢灵运、李白、杜甫、李贺、刘禹锡、韩愈、柳宗元、苏轼、杨万里、汤显祖、屈大钧等都留下经典的文赋和诗咏。罗浮山的"师雄梦梅""东坡啖荔""安期天饮""稚川炼丹""仙凡路别""花手游会""洞天药市""天龙王梦"等不少的传说，神奇幽胜，风流华夏。

八、西樵山

西樵山（见图 10-8）是一座沉寂了亿万年的死火山，自然风光美不胜收，山上有 72 奇峰和 36 奇洞及大大小小的湖泊、泉瀑和深潭；由于西樵山林深苔厚，储存了极为丰富的水资源，因而被称为"固体水库"。整个包括石燕岩、作为"珠江文明灯塔"的西樵山有着 6 000多年的文明史，古西樵山人创造了灿烂的"双肩石器"文明；到明清时期，有大批的文人学子曾隐居在

图10-8　西樵山（云旅游）

这里，使西樵山获得了"南粤理学名山"的雅号；西樵山还是"南拳文化"的发源地，一代宗师黄飞鸿就出生在这里；西樵山民风淳朴、古韵犹存，到这里来旅游，还能观赏到山里百姓的婚嫁、生产习俗以及各种民间游艺活动。山间古有 34 景，以"云崖飞瀑""无叶清泉"等泉瀑命名的就有 10 处。这 34 景以"大科观日"最为壮观。天色微明，云横群峰，朝阳冉冉而上，光焰照天，气象万千。如你去西樵专为观赏瀑布，你当然可以放弃看那象征着光明、生命和希望的红日是怎样冲破黑暗，在一刹那来到大地时的佳景。

九、莽山

莽山（见图 10-9）位于湖南省宜章县境内，南岭山脉北麓，总面积 2 万公顷，东、西、南分别与广东省乳源、连州、阳山相邻。莽山地形复杂，山峰尖削，沟壑纵横，境内 1 000 米以上的山峰就有 150多座。最高峰猛坑石海拔 1 902 米，称"天南第一峰"。当地主要特产有莽山黑豚、莽山埚桀鸡、莽山苦笋、莽山拓菌、莽山高山云雾茶。

图10-9　莽山（美篇娟子摄）

这就是素有"第二西双版纳"和"南国天然树木园"之称的莽山。这里气候温和，雨量充沛，优越的自然条件使这里的森林植被种类繁多，形成了独特有趣的格局，热带、亚热带、温带还包括少数寒带的森林植物，都在这里聚亲会友，欣荣杂居。

十、三百山

三百山（见图10-10）是安远县东南边境诸山峰的合称，是东江的源头，粤港居民饮用水的发源地，也是全国唯一对香港同胞具有饮水思源意义的旅游胜地。三百山现为国家级风景名胜区、国家森林公园、国家 AAAA 级景区、饮水思源香港青少年国民教育基地、全国首批保护母亲河生态教育示范基地。景区总面积197平方千米，核心区 36 平方千米，拥有福鳌塘、九曲溪、东风湖、仰天湖、尖峰笔等 5 大游览区域。三百山森林覆盖率98%，动植物资源十分丰富，其中高等植物有 271 科 1 702 种，珍稀植物有 300 余种；有野生动物 1 361 种，属于国家重点保护的高等动物 38 种，是我国南方的重要生物基因库。三百山年均气温 15.1 ℃，空气中负氧离子最高值达10 万个每立方厘米，被誉为"避暑胜地""天然氧吧"。

图10-10 三百山（三百山景区管理公司供）

十一、五指山

五指山位于海南岛中南部，是海南岛最高的山脉，主峰海拔 1 867 米，比泰山还高 343 米，素有"海南屋脊"之称。五指山是海南的象征。五指山主峰因形似人的五指，故名五指山。五指山主峰由西南向东北方向排列，先疏后密，山脉延伸不断。在海榆中线公路旁有一个五指山眺望点，在此可以眺望五指山；但五指山多雾，时常腾云驾雾，难得看清真面目。海南的主要江河如万泉河等皆从此地发源，黎族、苗族同胞也多聚居在此。五指山还是整个海南岛的"绿色心脏"。有野生动物 500 多种，山上遍布热带原始森林，林中落叶厚达 50 厘米，树脂香味四处弥漫。

第二节 名 泉

一、乐民温泉

乐民温泉俗名"热水塘"，位于贵州省盘州市乐民乡贝屯河上游南岸，属西江南盘江支流黄泥河水系。清光绪《普安直隶厅志》载："温泉在乐民乡三里，自石中流出，温暖清冽，甲于他处，树色水声，无不可人"乐民温泉一带两岸高山夹持，水急湍流，泉水从山脚青黑色的岩缝中流出，终年不断，流量约 3 升每秒，水温 36℃。1965 年，当地群众用青石堆砌一个临时水池（面积约 8 平方米、深约 0.5 米），常有游人和附近村寨儿童洗浴。温泉处于深山峡谷，景色幽美。贝屯河从山麓穿过，河水从山洞涌出，称"水洞"。半山有一半圆形的洞，两面洞穿，有石径经洞中去温泉，称"天桥洞"。山顶一洞，幽邃莫测，称黑洞，水洞、穿洞、黑洞构成特异的自然景观。

二、喊泉

喊泉位于广西壮族自治区德保县马隘乡贤李村前的石山脚下，在西江水系右江支流龙须河流域内，有 2 个泉眼。平日泉水涓涓细流，到季春、仲夏时节，若在泉口呼喊一声，泉水就猛然增大，哗哗涌出。喊声越大、越急，泉水涌得越多、流得越快，叫喊声停止，泉水缩减，逐渐恢复原状。这种随声响变化而泉流显著增减的自然现象，在明清古籍中已有记载。"喊泉"由特殊的地质构造造成。"喊泉"分布于石灰岩、白云岩溶洞特多的地区，"喊泉"呼之即涌，是受声波振动或水生动物的活动诱发，当人在喊泉边呼唤或发出其他声响时，声波从泉口传入洞穴内的储水池，产生共鸣、回声、声压等一系列物理声学作用，地下储水池受回声振荡或洞内水生动物受惊而激起水波，使处于临界状态的将要溢出的水面受到较强的压力，诱发虹吸作用，激起涌水，声止则息。

三、从化温泉

从化温泉位于广州市从化区西北部，属珠江三角洲水系，流溪河自北而南，纵贯温泉区，中有碧浪桥连接东、西两岸，园林建筑面积 10 多平方千米，从化温泉有

13 处泉眼，大多数分布在流溪河东岸。经开辟的月形湖，湖中有泉眼 2 处，绕湖荔子成林，地面遍植花草，林间宾馆面湖而立，建筑物掩映在青松绿竹和小桥流水间，景象幽雅清新。清初屈大均的《广东新语》对从化温泉有记载。从化温泉各个泉眼，平均水温 60 摄氏度以上。位于流溪河中的一口泉眼，水温高达 70 摄氏度，属于硅酸温泉，较普通的水轻软，无色无味，对治疗关节炎、神经衰弱、慢性肠胃炎等疾病有良好效果。河西区的山谷里，有香粉瀑、飞虹瀑和百丈飞涛等泉瀑。三瀑中香粉瀑在下，挂在岩壁间，注入潭中。飞虹瀑在山腰，悬流数丈，常现出悦目的彩虹。最上的是百丈飞涛，旧称百丈丈带。其深处汇为渊潭，不可测；浅者流离四出，引之可以浮觞。飞涛受山石阻挡，横向飞溅，形成为两叠泉。

四、中山温泉

中山温泉位于珠江三角洲广东省中山市内的雍陌村，旧名雍陌温泉，地近孙中山先生的故乡翠亨村。温泉水温 90 摄氏度。1980 年新建的温泉游览区，在距离旧温泉喷井 1 千米的锣鼓岗下。温泉游览区内建有主楼区、别墅区、游乐区和服务区，建有宾馆楼宇 10 多座，有高尔夫球场、射击场等各种游乐设施，融合了我国传统园林和现代建筑技艺。温泉水从老温泉区通过地下管道输送到宾馆，水温降至 70 摄氏度左右。泉水含多种矿物质，有较高的医疗价值。

五、白云山温泉

白云山地处珠江三角洲，位于广州市白云区，有虎跑泉、九龙泉、蒲涧山泉等。虎跑泉位于白云山山顶公园南麓的能仁寺故址，有一八角形泉水池，旁有一"虎跑泉"碑刻，为清人罗岸先所书，附近有玉虹池、甘露井，泉水充盈，清澈甘甜。在由山顶公园通往主峰摩星岭的山间，为古代著名的九龙泉，相传发现于秦代，泉池由栏杆围住，泉水四季不竭，泉侧立有"九龙泉"碑刻。蒲涧山泉水在白云山聚龙岗北，宋代即以"蒲涧濂泉"为羊城八景之一，当时曾有用大竹筒引蒲涧泉水供广州城居民饮用的设想和举措。苏轼游白云山蒲涧寺（寺后毁圮，今不存）时作诗云：不用山僧导我前，自导云外出山泉。千章古木临无地，百尺飞涛泻漏天。近代以来，以蒲涧山泉水制作的广州沙河米粉，远近闻名。泉水至今甘洌清甜，长流不绝。

第三节 名 茶

一、都匀毛尖

都匀毛尖（见图10-11）主要产地在团山、哨脚、大槽一带，这里山谷起伏，海拔千米，峡谷溪流，林木苍郁，云雾笼罩，冬无严寒，夏无酷暑，四季宜人，年平均气温为16 ℃，年平均降水量在1 400多毫米。加之土层深厚，土壤疏松湿润，土质是酸性或微酸性，内含大量的铁质和磷酸盐，这些特殊的自然条件不仅适宜茶树的生长，而且也形成了都匀毛尖的独特风格，属于贵州名优绿茶。都匀毛尖茶清明前后开采，采摘标准为一芽一叶初展，长度不超过2厘米。通常炒制500克高级毛尖茶需5.3万～5.6万个芽头。

图10-11 都匀毛尖（陆永盛摄）

二、云南普洱

普洱茶以地理标志保护范围内的云南大叶种晒青茶为原料，并在地理标志保护范围内采用特定的加工工艺制成，具有独特品质特征的茶叶。按其加工工艺及品质特征，普洱茶分为普洱茶（生茶）和普洱茶（熟茶）（见图10-12）两种类型。据考证，银生城的茶是云南大叶茶种，也就是普洱茶种。清代阮福在《普洱茶记》中说：普洱古属银生府。则西蕃之用普洱，已自唐时。宋代李石在他的《续博物志》一书也记载：茶出银生诸山，采无时，杂菽姜烹而饮之。元代

图10-12 云南普洱熟茶（陆永盛摄）

有一地名叫"步日部"，由于后来写成汉字，就成了"普耳"（当时"耳"无三点水）。普洱一词首见于此，从此得以正名写入历史。没有固定名称的云南茶叶，也被叫作"普茶"逐渐成为西藏、新疆等地区市场买卖的必需商品。"普茶"一词也从此名震国内外，

直到明代末年，才改叫普洱茶。

三、大埔乌龙

图10-13　大浦乌龙茶（陆永盛摄）

大埔乌龙茶保护区域境内群山环抱，有"山中山"之称，靠近南海，四周高山环绕，中间低山、丘陵广布，略似不平坦的一块盆地。大埔乌龙茶（见图10-13）初制工艺流程：采摘—晒青—做青（摇青）—杀青（炒茶）—揉捻—干燥六道工序。①采摘：要求鲜叶有一定的成熟度，一般在顶芽全部开展，伸育将要成熟，而形成驻芽三、四叶（开面叶）时采摘，要嫩度和成熟度兼顾。②晒青（萎凋）：薄摊轻晒，以晴天上午9—11时，下午4—5时最适宜，茶青失水率15%左右，叶色变暗，端叶下垂为适度。③做青：包括碰青（摇青）及静置多次互为交替，是形成大埔乌龙茶特有香味品质特点的关键环节。④杀青：高温快速，杀熟、杀透、杀匀。以叶温不低于80摄氏度，锅温200～250摄氏度为宜，全程6～10分钟，采取先焖炒，中间扬。⑤揉捻：杀青叶出锅后摊开散热至30摄氏度左右即可揉捻，松压结合，促使条索紧结，叶细胞破碎率适中。揉捻后要及时理条。⑥烘焙：烘焙过程要"三焙三降温"。分为初焙、二焙、三焙3个环节，初焙温度110～120摄氏度，中间要翻拌茶叶1～2次；二焙复烘温度90～100摄氏度，中间翻拌2～3次；三焙温度控制在80～90摄氏度，中间翻拌2次，烘至叶子用手捏即成碎片，茶叶含水量大约在7%为适度。

四、梧州六堡

茶船古道的起点在苍梧，即今梧州地区。苍梧的历史最早可以追溯到舜帝时期，据《史记·五帝本纪》记载，舜帝南巡狩猎时，崩于苍梧之野，葬于江南九疑，是为零陵。西汉元鼎六年（公元前111年）置苍梧郡，治广信县，即今梧州市。茶船古道运输的主要商品是梧州市六堡镇的六堡茶。《广西通志稿》中记载六堡茶远销海外：六堡茶在苍梧，茶叶出产之盛，以多贤乡之六堡及五堡为最，六堡尤为著名，畅销于穗、佛、港、澳等埠。可见，当时六堡茶的畅销程度。《广西特产志略》（1937年）记载：在苍梧之最大出口，且为特产者，首推六堡茶，每年出口者产额在60万斤以上。因此，六堡茶主要是通过茶船古道从六堡河顺流而下，一路沿着西江到珠江并在广州集结，最后通过"海上丝绸之路"运送到印度尼西亚、马来西亚等东南亚国家，更远的甚至延伸到欧洲和北美地区。六堡茶在海外的传播与茶船古道有着深厚的历史渊源，茶叶作为传播中华文化的重要载体和文化遗产，在世界范围内备受瞩目。六堡茶（见图10-14）是中国历史名茶，因产自广西梧州苍梧县六堡镇而得名，

图10-14 梧州六堡茶（陆永盛摄）

属于黑茶后发酵茶，其外形色泽黑褐光润，叶底红褐色，间有金黄花，汤色红浓，香气陈醇，滋味甘醇爽滑，具有独特的类槟榔香，素以红、浓、陈、醇四绝著称。远年陈茶还具有解暑祛湿、生津止渴、消食除滞、暖胃提神的保健功效。六堡山区位于北回归线北侧，境内从塘平到不倚，从四柳到高枧，从梧桐到合口均峰峦耸立，形成了以山地、丘陵构成的地貌，林区内溪流纵横，山青水秀，日照短，终年云雾缭绕。得益于这一片雨林水岸，生态优越，自古便是植茶佳所。

参考文献

[1] 珠江水利委员会珠江水利综合技术中心 . 珠江流域大型水库 [R].2018.

[2] 珠江水利委员会珠江水利综合技术中心 . 北江源头复核论证报告 [R].2021.

[3] 百度在线网络技术（北京）有限公司 . 百度百科 [Z].

[4] 珠江水利委员会 . 珠江流域综合规划 [R].1986.

[5] 陈玲杰 . 梅关古道上的商贸与文化交流 [J]. 大众文艺，2019（11）：243-244.

[6] 珠江水利委员会 . 珠江水利简史 [M]. 北京：水利电力出版社，1990.

[7] 珠江水利委员会 . 珠江志 [M]. 广州：广东科技出版社，1991.

[8] 唐宋尧韶州府志 [Z]. 清乾隆刻本 .

[9] 郑炳修，凌元驹 . 始兴县志 [Z]. 清乾隆刻本 .

[10] 叶林宜 . 江新联围工程效益调查 [J]. 人民珠江，1990（3）：10-13，39.

[11] 叶林宜 . 景丰联围的整修加固 [J]. 人民珠江，1991（2）：29-31，48.

[12] 叶林宜 . 樵桑联围 [J]. 人民珠江，1992（2）：18-19.